AF862389

Moderne Biowissenschaften Band 11/1

SIEGFRIED HOFFMANN

Molekulare Matrizen

I. Evolution

mit 67 Abbildungen

AKADEMIE-VERLAG · BERLIN
1978

Erschienen im Akademie-Verlag, 108 Berlin, Leipziger Straße 3–4
© Akademie-Verlag Berlin 1978
Lizenznummer: 202 · 100/509/78
Einband und Schutzumschlag: Rolf Kunze
Gesamtherstellung: VEB Druckhaus „Maxim Gorki", 74 Altenburg
Bestellnummer: 762 143 7 (2148/11/1) · LSV 1315
Printed in GDR
DDR 22,– M

Der Verfasser dankt sehr herzlich Herrn Dr. W. Witkowski vom Zentralinstitut für Mikrobiologie und experimentelle Therapie der AdW der DDR für umfangreiche Mithilfen beim Basteln und Fotografieren von Modellen sowie Literaturbeschaffungen, Herrn H. Brandt und Frau U. Lindner von der Hochschulbildstelle der MLU für die Aufnahme der Modellstereofotos, Herrn Dr. habil. P. Hermann vom Institut für Physiologische Chemie der MLU für die Überlassung seines Kalottensatzes, Frau K. Schimpfermann von der Sektion Chemie der MLU für das Schreiben großer Teile des Manuskripts und zahllosen Fachkollegen im In- und Ausland für die Übersendung von re- und pre-prints ihrer Arbeiten.

Halle, im Juli 1977

INHALTSVERZEICHNIS

1.	Die in vivo-Vorbilder — Anstelle eines Vorworts	11
1.1.	Matrizen, Matrizen-Begriffsbestimmungen, molekulare Matrizensysteme als Informationsträger	11
1.2.	Information, Informationsbegriffe und -definitionen, Kommunikation und Entstehung von Information auf molekularer Ebene	12
1.3.	Der historische Prozeß — Ansichten zwischen Notwendigkeit und Zufall	19
1.3.1.	Der präbiotische Ausgang — das molekulare Chaos, potentiell biogene Strukturen	22
1.3.2.	Die chemische Evolution	27
1.3.2.1.	Der Start in der Atmosphäre	28
1.3.2.2.	Wege zum Makromolekül	29
1.3.2.3.	Die neuen Qualitäten	34
1.4.	Literatur	45
2.	Die drei kanonischen Strukturen — Proteine, Nucleinsäuren, Membranen	54
2.1.	Das „Zentrale Dogma“	54
2.2.	Statische und dynamische Matrizen	61
2.3.	Literatur	67
3.	Die Evolution des großen Prozesses	70
3.1.	Die Selbstorganisation — Eigens Hypercyclus zwischen „Konstruktionisten“ und „Reduktionisten“	72
3.2.	Kybernetische Modelle — die Raum/Zeit-Hierarchien der Biorhythmen	102
3.3.	Der Versuch eines Ausblicks	103
3.4.	Literatur	106

Nam certe neque consilio primordia rerum ordine se suo quaeque sagaci mente locarunt; nec quos quaeque darent motus pepigere profecto: sed quia multimodis multis primordia rerum, ex infinito iam tempore percita plagis, ponderibusque suis consuerunt concita ferri, omnimodisque coire, atque omnia pertentare, quacumque inter se possent congressa creare; propterea fit, uti magnum volgata per aevum omnigenos coetus, et motus experiundo, tandem conveniant ea, quae conventa, repente magnarum rerum fiunt exordia saepe, terrai, maris, et caeli generisque animatum

Lucretius

„De rerum natura“

1. DIE IN VIVO-VORBILDER — ANSTELLE EINES VORWORTES

Hingeweht in Raum und Zeit zwischen die Feuer des Beginns und die Schatten des Verdämmerns — gefährdete, tastende Strukturen an fließenden Grenzen — beginnt so der lange Weg unseres Lebens? Prägen Sterbensrhythmen eines erlöschenden Trabanten einer „mittleren" Sonne — irgendwo in den Intermediärpopulationen einer namenlosen Galaxie — Funktions- und Organisationsmuster eines neuen Seins? Wagen Urmatrices nachfolgender Lebensstrukturen — selbst geprägt von Matrizenelementen eines Chaos fließender Zustandsgrößen und wechselnder Umweltparameter — aus einer lebensschwangeren Situation dieses Teils des Universums heraus ein neues Spiel? Spannt sich ein Bogen überschaubarer Folgen von jenem ersten molekularen Erkennen, Vergessen, Wiedererkennen, Nicht-ganz-vergessen, Erinnern und Verstehen, von Versuch und Irrtum, Scheitern und Erfolg bei der informativen Weitergabe molekularen Seins und molekularer Fähigkeiten an Nachfolgesysteme über die Wegmarken erster Kooperation, Reproduktion, Stoffwechselleistungen, Zellvorläufer, Zelldifferenzierungen, die sich entwickelnde Organismen und Artenlandschaft bis hin zu den Bewußtseinsfeldern eines denkenden, sprechenden, abstrahierenden, Simulationspotenz, Einsicht und creative Aktivität entwickelnden Tieres? — Augenblickliches Endprodukt eines großen dynamischen Prozesses, von Gratwanderungen selektierender Notwendigkeiten über den Ebenen statistischer Zufälligkeiten, eines Prinzips, eines Plans, einer Materiebewegungsform, die sich in den Dialektiken zwischen Werden und Vergehen ihrer individuellen Teile entwickelt und optimiert, die den Zukünftigen schenkt, was sie in und an den Vergangenen erproben mußte, die in jedem individuellen Sterben etwas von den Gefahren des eigenen Erlöschens miterlebt und doch in jeder individuellen Geburt zu neuen Horizonten aufbricht [1—276].

Begründeten rohe Stereoelektronikpassungen die ersten Erkennungsspiele primitiver Lebensvorläufer? Dirigieren gleiche, jedoch auf's äußerste verfeinerte Prinzipien das komplexe Informationsprocessing der Bewußtseinsfelder hochentwickelter Bioorganismen?

Formen dialektische Variationsmuster von molekularen Matrizenbeziehungen dynamische Inhalte des großen Prozesses?

1.1. Matrizen, Matrizen-Begriffsbestimmungen, molekulare Matrizensysteme als Informationsträger

Möchte man diese Begriffe verdeutlichen, so könnte zunächst ein eingeengter Matrizenbegriff herangezogen werden, der unter Matrizen bzw. Matrizenreaktionen solche Bildungsreaktionen versteht, bei denen ein neu entstehendes Molekül oder Makromolekül mindestens eine strukturelle Eigenschaft aufweist, die es der Mitwirkung einer strukturgebenden Matrize verdankt. Die Matrizen können entsprechend ein Molekül, ein Makromolekül oder eine Kristalloberfläche sein. Sie übt eine Kontaktwirkung auf ein zu bildendes Molekül aus, welches unter günstigen Bedingungen die Dimensionen des verfügbaren Kontaktbereiches annimmt. Die Kontaktwirkung wird durch eine zeitlich begrenzte Bindung des entstehenden Moleküls an die Matrize herbeigeführt. Dabei kann das entstehende Molekül der Matrizensubstanz chemisch fremd oder verwandt sein. Im besonderen Fall können beide gleich und damit in ihren Funktionen wechselseitig austauschbar werden, wodurch eine Replikation von Molekülstrukturen möglich wird. Gelingt es bei diesem letztgenannten Fall, die Umsetzung so durchzuführen, daß die Replikationsfähigkeit erhalten bleibt, so braucht man im Prinzip nur ein einziges Molekül für beliebige Vervielfältigungen [157—161].

Eine Matrize wäre demnach durchaus ein Katalysator, was natürlich nicht ausschließt, daß unter Umständen weitere Katalysatoren benötigt werden.

Wir wollen diese Definition für unsere Betrachtungen jedoch erweitern und unter Matrizen- bzw. Matrizenfunktionen Systeme bzw. Wechselwirkungsverhältnisse verstehen, die auf Grund eng kooperierender stereoelektronischer Funktionsmuster von Molekülen und Molekülverbänden zustande kommen.

Es ist offensichtlich, daß eine derartige Definition Fragen nach Sender/Kanal/Empfänger-Relationen molekularer Informationskummunikation aufwirft. Fragen, die spätestens mit der DNA-Struktur von Watson u. Crick aus den Bereichen kommunikativer Nachrichtenübermittlungs- und abstrakter Denkschemata in die Realität molekularer Beziehungen projiziert worden waren [20, 70—93, 109].

1.2. Information, Informationsbegriffe und -definitionen, Kommunikation und Entstehung von Information auf molekularer Ebene

Die Frage nach dem matrizengesteuerten Lebensprozeß wurde damit zur Frage nach einer neuen Fundamentalgröße, nach der Information und ihrem „processing" [1—119].

Dabei erwies sich die Klärung der Informationsweitergabe einfacher als eine saubere Definition des Begriffs selbst. Versucht man Information hypothetisch als eine an einen physikalischen Träger gebundene Semantik zu definieren, die sowohl dem Sender wie auch dem Empfänger bekannt ist und letzteren zu bestimmten Reaktionen veranlaßt, so beschreibt man in wörtlicher Übersetzung des lateinischen „informatio" mit „Unterweisung, Darlegung, Erläuterung usw." zunächst einen Kommunikationsvorgang.

Die heutige Informationstheorie war entsprechend — im wesentlichen auf Shannons 1948 formulierte „mathematical theory of communication" zurückgehend — zunächst eine Kommunikationstheorie [78, 79].

Shannons mittlerer Informationsgehalt/Symbol einer Sender und Empfänger bekannten Liste von Symbolen x mit der Auftrittswahrscheinlichkeit

$$H_x = -k \sum_{i=1}^{n} p_i \ln p_i$$

bringt darüberhinausgehend aber auch eine Komplementarität mit Boltzmanns statistischem Entropiebegriff zum Ausdruck.

In BOLTZMANNS H-Theorem erhielt die Entropie den mathematischen Ausdruck

$$S = k \ln W \quad \text{bzw.} \quad S = k \sum_{i=1}^{n} W_i \ln W_i,$$

worin k eine Konstante und W_i die Wahrscheinlichkeit ist, daß System im i-ten von n möglichen Makrozuständen anzutreffen. Die ursprünglich auf CLAUSIUS zurückgehende Formulierung des zweiten Hauptsatzes, nach der die Entropie eines isolierten Systems nicht abnehmen kann, vielmehr bei reversiblen Prozessen in diesem System konstant bleibt und bei irreversiblen wächst, erfuhr durch diese Interpretation BOLTZMANNS eine Variation.

Unter Verwischung des absoluten Unterschieds zwischen reversiblen und irreversiblen Prozessen wurde in den zweiten Hauptsatz ein wahrscheinlichkeitstheoretischer Inhalt hineingelegt. Dementsprechend nahm der Begriff der Entropie die Bedeutung der Charakteristik der Wahrscheinlichkeit des Verbleibens eines Systems in einem bestimmten Zustand an. Das Prinzip des Entropiewachstums beschrieb jetzt den Umstand, daß isolierte Systeme im allgemeinen von einem Zustand geringerer Wahrscheinlichkeit in einen solchen größerer Wahrscheinlichkeit übergehen. Ein solches System sollte damit Ordnungsstrukturen zwar spontan verlieren, praktisch aber nicht gewinnen können. Hierin mag eine weitere Analogie mit einer Eigenschaft der SHANNONschen Information gesehen werden, nach der eine Nachricht bei der Übertragung ihren Informationsgehalt im allgemeinen verringert, ihn aber nicht erhöhen kann.

Diese mehr als nur formalen Analogien zwischen dem BOLTZMANNschen Entropie- und dem SHANNONschen Informationsbegriff wurden bereits von E. SCHRÖDINGER in seinem stimulierenden Essay „What is life" hervorgehoben. Danach könnte Entropie das Unwissen charakterisieren. Wissen oder Information sollte dagegen eine Abnahme des Unwissens darstellen, Information also eine Art „Negentropie" bedeuten [13].

Unabhängig von allen gewesenen und allen noch kommenden Definitionsversuchen des Begriffs „Information" ist da so etwas wie eine Prägung eines Senders, die ein Empfänger verstehen muß, damit er etwas erfährt, was ihm vorher nicht oder nur ungenügend bekannt war. Doch wer instruiert Sender und Empfänger? Von wem lernte der erste Sender sein „Alphabet"? Gibt es eine Information „ab initio"?

In seiner Theorie über „Selforganization of matter and the evolution of biological macromolecules" hat sich EIGEN der Mühe unterzogen, zunächst einmal dieser Frage nachzuspüren. Dieser Weg zu den Anfängen führte in einem Bereich neu zu schaffender Information, dorthin, wo Information erst eine Bedeutung erlangen muß. Die Postulierung eines mit den betreffenden Informationszuständen assoziierten Wertparameters führte unter Vereinigung des DARWINschen Evolutionsprinzips mit der klassischen Informationstheorie zu einer generellen Theorie der Entstehung oder Selbstorganisation „bewerteter" Information. Die Projektion des Konzepts auf die molekulare Selbstorganisation liefert eine quantitative Basis der Molekularbiologie [47, 89—93, 108, 109].

EIGENS Theorie der Selbstorganisation geht von folgenden Praemissen aus:

Die Frage nach der Entstehung und Weitergabe von Information ist die Frage nach dem Wechselspiel von Information und Funktion. Funktion in organisierter Form wird erst durch Information möglich. Information erhält erst einen Sinn durch die Funktion, für die sie codiert. Eine Theorie molekularer Selbstorganisation hätte zur Erklärung dieses

Wechselspiels zunächst von Zufallsereignissen auszugehen. Sie müßte dann weiter erklären, wie sich unter bestimmten Bedingungen derartige Wechselverhältnisse unter Rückkopplung auf ihren Ursprung zu makroskopisch funktionellen Organisationen aufschaukeln können, die von den Voraussetzungen ihres Ursprungs unabhängig das Milieu zum eigenen Vorteil zu verändern beginnen.
Da Selbstorganisation nicht eine der Materie schlechthin inhärente Eigenschaft darstellt, werden für die Ingangsetzung des Prozesses die folgenden Kriterien verwendet:

1. Evolution muß von Zufallsereignissen ausgehen. Damit erscheint zunächst ein Dilemma aufgezeigt. Nicht das einfachste lebende System kann durch zufällige Anordnung seiner Bausteine entstanden sein. Wie WIGNER mathematisch ableitete, ist die Wahrscheinlichkeit für die zufällige Anordnung und Entstehung selbst kleiner Proteine so verschwindend gering, daß ihre Entstehung nach den uns bekannten Gesetzen ein Wunder darstellen würde. Ein aus 100 Aminosäuren bestehendes Protein hätte seine definierte Anordnung aus 10^{130} Möglichkeiten zusammenzufinden. Dies sind mehr als das Weltall unserer heutigen Vorstellung fassen könnte.

2. Voraussetzung für einen Evolutionsprozeß ist damit Instruktion auf molekularer Ebene. Instruktion setzt aber ihrerseits Information voraus.
   Da für ein sich selbst organisierendes System Funktionen für die Reproduktion des eigenen Informationsgehalts „lebensnotwendig" sind, hat die Theorie Ursprung und Evolution jener Urinformation zu beschreiben.
   Für die Entstehung eines natürlichen Informationssystems muß ein Zusammenhang zwischen Information und Funktion bestehen. Es müssen Möglichkeiten bestehen, die Information für eine besonders attraktive Funktion festzuhalten.

3. Information entsteht und wird bewertet durch Selektion. Die Theorie hätte hier eine Art Wertkonzept zu formulieren, das z. B. das DARWINsche Prinzip des „survival of the fittest" einschließt.
   Eine solche Theorie sollte damit sowohl als stochastische Theorie mikroskopischer Elementarprozesse wie auch als phaenomenologische Theorie makroskopischer Organisation und Verhaltens formulierbar sein.

4. Selektion setzt die Entstehung geeigneter Substanzen durch die Entwicklung geeigneter Umweltbedingungen voraus.
   Drei einander bis zu einem gewissen Grade überlappende Entwicklungsphasen sollten unterschieden werden:

   a) präbiotische Chemie
   b) Selbstorganisation replicierender Individuen
   c) Evolution der Arten.

   Die Divergenz durchzuspielender chemischer Möglichkeiten in a) schlägt mit dem Auftreten energiereicher Monomerer und ihrer entsprechenden Polymeren, die katalytische Eigenschaften mit Rückkopplungsmechanismen entwickeln können, in eine konvergente Periode nach b) um.
   Aufbauend auf OPARINS drei Kriterien für einfachste lebende Systeme [4—12]

   a) Stoffwechsel
   b) Selbstreproduktion
   c) gewisse Variabilität der Selbstreproduktion (Mutagenität)

bedeutet Selbstreproduktion, daß die miteinander konkurrierenden Systeme Bildungsgeschwindigkeiten proportional zur eigenen Konzentration aufweisen müssen, mithin autokatalytisch sind. Da die katalytische Potenz im Gleichgewicht bedeutungslos wird, kann Selbstorganisation nur in Systemen erfolgen, die sich fernab vom thermodynamischen Gleichgewicht befinden.

Damit werden die Prozesse präbiotischer Polymerisation als ein Beispiel „dissipativer Strukturen“ betrachtet, wie sie von PRIGOGINE als räumliche oder zeitliche Organisationen fern vom thermodynamischen Gleichgewicht aus zunächst rein mathematischen Modellen abgeleitet wurden. Die Theorie baut auf das von PRIGOGINE aufgestellte und von ihm als „universelles Evolutionskriterium“ bezeichnete „Minimum-Entropieproduktions-Theorem“ auf [80—84, 108, 109].

PRIGOGINE und GLANSDORFF gehen in Weiterentwicklung der von ONSAGER u. a. entwickelten Thermodynamik irreversibler Prozesse in Gleichgewichtsnähe davon aus, daß auch Strukturen in offenen nichtlinearen Systemen weitab vom thermodynamischen Gleichgewicht auf Grund entropieterminierter Ordnungszustände beschrieben werden können.

Für Systeme, die Energie- und Stoffwechselaustausch mit ihrer Umgebung zeigen, kann die Entropievariation mit der Zeit durch

$$\frac{\mathrm{d}S}{\mathrm{d}t} = \frac{\mathrm{d}_e S}{\mathrm{d}t} + \frac{\mathrm{d}_i S}{\mathrm{d}t}$$

ausgedrückt werden. Dabei beschreibt $\frac{\mathrm{d}_e S}{\mathrm{d}t}$ den Entropieflußaustausch mit der Umgebung, während $\frac{\mathrm{d}_i S}{\mathrm{d}t}$ die Entropieproduktion irreversibler innerer Prozesse des Systems darstellt.

Diese Entropieproduktion $\frac{\mathrm{d}_i S}{\mathrm{d}t} = \sigma$ spielt in der irreversiblen Thermodynamik eine ähnliche Rolle wie die thermodynamischen Zustandsgrößen „F“ und „G“ bei reversiblen Systemen.

Für makroskopische Systeme kann σ als Summe von Termen betrachtet werden, von denen jeder das Produkt aus einem Fluß J_i und der ihn verursachenden verallgemeinerten Kraft X_i darstellt. Bei chemischen Reaktionen spielen Affinitäten die Rollen von Kräften und Reaktionsgeschwindigkeiten die von Flüssen. Für Systeme in Gleichgewichtsnähe gelten lineare Beziehungen zwischen Flüssen und Kräften und man erhält:

$$\sigma = \sum_k J_k X_k \geqq 0.$$

Das heißt, für jedes nicht im Gleichgewicht befindliche System nimmt die Entropie mit der Zeit zu. Im Gleichgewicht besitzt die Entropie einen Maximalwert ($\sigma = 0$).

Analog hierzu läßt sich aus der EINSTEINschen Fluktuationstheorie ein Stabilitätskriterium

$$\delta_i S \leqq 0$$

für Fluktuationen um einen Gleichgewichtszustand ableiten. Danach bedeutet jede Schwankung um ein stabiles Gleichgewicht stets eine negative Entropieänderung, die

ihrerseits eine rücktreibende Kraft zur Wiederherstellung des Gleichgewichts bewirkt. Das System gleicht im Gleichgewicht selbstätig Schwankungen aus.
Für das Gleichgewicht wäre demnach formulierbar:

$$S = S_{\max} = \text{constant}; \quad \delta S \leqq 0.$$

In derartigen Systemen nahe dem Gleichgewicht kann es nicht zu Selektion bzw. Evolution kommen. Da die katalytischen Verstärkungen Hin- und Rückreaktionen gleichermaßen betreffen, erfolgt kein Wachstum.
Einschränkungen dieser Art gelten nicht für stationäre Zustände, bei denen auch Oszillationen auftreten können. Für die Nachbarschaft stationärer Zustände gilt:

$$\delta_x \sigma = \sum_k J_k \mathrm{d}X_k \leqq 0,$$

d. h., die Änderung der Entropieproduktion infolge einer Änderung der Kräfte X_k ist stets kleiner als Null in der Nähe und Null im stationären Zustand, oder: die Entropieproduktion hat für ein System im stationären Zustand ein Minimum bezüglich der Variation der Kräfte.
Analog den Verhältnissen im Gleichgewicht läßt sich auch hier ein Stabilitätskriterium für den Fall konstanter Flüsse ableiten.

$$\delta_x \sigma = \sum_k \delta J_k \delta X_k \geqq 0.$$

Danach darf es in der Nähe eines stabilen stationären Zustandes nur positive Fluktuationen der Entropieproduktion geben. Befindet man sich im Minimum und ist die Schwankung positiv, fällt das System wieder ins Minimum zurück, der Zustand ist stabil.
Für den stationären Zustand könnte man analog zu oben formulieren:

$$\frac{\mathrm{d}_i S}{\mathrm{d}t} = \sigma = \sum_k J_k X_k = \sigma_{\min} = \text{const}$$

$$\delta_x \sigma \geqq 0 \text{ für konstante Flüsse.}$$

Im Unterschied zum Gleichgewicht sind stationäre Zustände jedoch nur metastabil. Tritt eine negative Schwankung der Entropieproduktion auf, so wird der stationäre Zustand instabil. Das System kippt nach einer instabilen Übergangsphase in einen neuen stationären Zustand, der, da er mit $\delta_x < 0$ erreicht wird, eine geringere Entropie und mithin eine höhere Ordnung hat. Soweit genügend vom Gleichgewicht entfernt und rückläufige Reaktionen mithin vernachlässigt sind, können mutierende Autokatalyse- und kreuzgekoppelte (cross catalytic steps) Katalyse-Systeme derartige Erscheinungen zeigen. Damit ist dieses Bild unmittelbar auf ein Evolutionsschema übertragbar.
Selbstreplikative mutierende Systeme — durch einen ständigen Zustrom freier Energie fernab vom Gleichgewicht gehalten — sollten infolge der ihnen innewohnenden Instabilitäten in einem in den einzelnen Schritten zufälligen, im Grundkonzept unausweichlichen und notwendigen selektierenden Eigenoptimierungsprozeß zu Organisationsformen höherer Ordnung, höherer Funktionalität, höherer Informativität aufbrechen.

Für die Mechanismen im einzelnen ergibt eine detaillierte mathematische Behandlung der Probleme zusätzliche Aufschlüsse. So läßt sich das Selektions- und Evolutionsverhalten für eine bestimmte Klasse i_i von Informationsträgern unter den Bedingungen der Autokatalyse und konstanter Konzentrationen (Kräfte) sowie unter Vernachlässi-

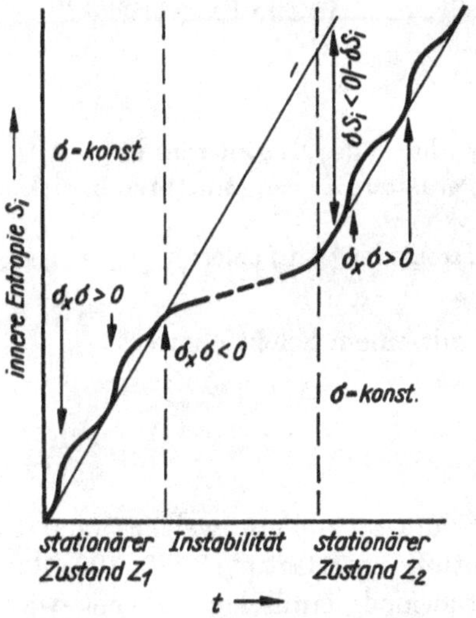

Entropie/Zeit-Diagramm für Selektionsprozesse bei konstanten Gesamtflüssen nach M. Eigen u. P. Schuster [91, 92].
Die stationären Zustände Z_1 und Z_2 sind durch positive Schwankungen der Entropieproduktion gekennzeichnet. Eine negative Schwankung der inneren Entropieproduktion zerstört den stationären Zustand Z_1 und pegelt sich nach Durchlaufen einer instabilen Übergangsphase auf den neuen stationären Zustand Z_2 ein. Da die Änderung der inneren Entropie stets negativ ist ($\delta S_i < 0$), besitzt Z_2 eine geringere Entropie und mithin einen höheren Ordnungsgrad als Z_1.
oder:
Das Auftreten einer Mutante mit Selektionsvorteil innerhalb einer evolvierenden Species (negative Fluktuation der Entropieproduktion) verursacht den Zusammenbruch des stationären Zustands Z_1. Innerhalb der Instabilitätsphase stirbt die ursprüngliche Species aus, die Mutante wird im neuen stationären Zustand Z_2 dominierend.
Da beide Species denselben Energiegehalt besitzen, beide Steigungen der Entropieproduktion mithin im stationären Zustand gleich sind, entspricht die konstante Differenz für den stationären Zustand Z_2 einer Zunahme der Ordnung — ausgedrückt durch eine Zunahme der Gesamtorganisation [91].

gung der nichtinstruierten Synthese von Informationsträgern — alles in einem offenen System fernab vom Gleichgewicht — durch die folgende Gleichung beschreiben:

$$x_i' = k_0[W_i^0 - \bar{E}]\, x_i + \sum_{l \neq i} \varphi_{il} x_l.$$

Darin sind:

x_i = Konzentration von i

$x_i' = \dfrac{dx}{dt}$

k_0 = allgemeine Geschwindigkeitskonstante 1. Ordnung
W_i^0 = $A_iQ_i - D_i$ „Selektionswert“ des Informationsträgers
E_i = $A_i - D_i$ (Überschuß)erzeugung des Informationsträgers „überschüssige Produktivität“

$$\bar{E} = \frac{\sum\limits_{k=1}^{N} E_k x_k}{\sum\limits_{k=1}^{N} x_k}$$ = mittlere Erzeugung im System „mittlere Produktivität“

A_i = Amplifikationsfaktor
k_0A_i = Geschwindigkeitskonstante für die Synthesen der Kopien von: i
Q_i = Qualitätsfaktor der den Anteil an fehlerhaften Kopien (Mutanten berücksichtigt
D_i = Term für den Abbau von i_i
$\sum\limits_{l=i} \varphi_{iL} x_i$ = Informationsrückfluß (mögliche Korrekturen von Fehlern),

und es folgt, daß nur Informationsträger mit einem Selektionswert

$$W_m^0 > \bar{E}_{k+m}$$

selektieren können.
Damit ist gleichzeitig ein Selektionskriterium formuliert, welches dem Darwinschen Begriff „fittest“ eine physikalische Bedeutung unterlegt [1, 2, 92, 108, 109].
Andererseits sind für alle weit vom thermodynamischen Gleichgewicht entfernte „steady state“-Systeme, die unter $Q_{\min} < Q < 1$ obigem Kriterium genügen, Selektion und Evolution gesetzmäßige unausweichliche Ereignisse. Q definiert gewisse Grenzbedingungen der Prozesse. Mit $Q = 1$ wird ein extremer Selektionsprozeß ohne jede evolutionäre Brauchbarkeit beschrieben, während die Evolution von möglichst kleinen Q-Werten profitiert. Diese dürfen aber ein gewisses $Q_{\min}$ nicht unterschreiten, da ein genügend großes Q Voraussetzung für das Selektionskriterium ist.
Das System muß eine Selektionsbedingung

$$Q_m > Q_{\min} = \frac{\bar{A}_{k=m} + D_m - \bar{D}_{k+m}}{A_m}$$

einhalten, um die einmal erlangte Information zu erhalten.
Bei weiterem Fortschreiten der Evolution wirkt sich ein zu kleines Q negativ aus, da es einer Vergrößerung des Informationsgehaltes (Vergrößerung der Informationsträger) hindernd im Wege steht.
Die günstigste Prozeßführung sollte mit einem relativ ungenauen Replikationsmechanismus beginnen, welcher sich dann im weiteren Verlaufe immer mehr verbessert.
Wie bei zahlreichen anderen Optimierungsprozessen in der Biologie wird auch hier der günstigste Kompromiß zwischen gegenläufigen Effekten angestrebt.
Wir werden noch vielfach Gelegenheit haben, den im Detail noch sehr viel weitergehenden Folgerungen der Eigenschen Theorie, mit der der Anschluß der Lebenserscheinungen einschließlich der Biogenese an die Thermodynamik irreversibler Prozesse hergestellt und die allgemeinen Mechanismen der Lebensprozesse auf Grundprinzipien der Physik zurückgeführt wurden, unsere Aufmerksamkeit zu widmen. Versuchen wir uns hier zunächst noch einmal die Informationsweitergabe in den molekularen Sender/Kanal/Empfänger-Relationen zu verdeutlichen [201].

Die in Funktionalität umzusetzende und wieder aus ihr abgeleitete Information konnte durch die sich selbst organisierenden Makromolekülverbände nicht in irgendeiner abstrakten Weise gespeichert und weitergegeben werden. Legislative und Exekutive in molekularen Dimensionen blieben an konkrete Strukturmuster und daraus resultierende Funktionsmechanismen gebunden. Replikation im einfachsten Falle hatte eben diese arteigenen stereoelektronischen Struktur(Informations)-Funktionsmuster möglichst eindeutig zu reproduzieren.
Wege zur Durchführung waren Methoden durch genaue und gezielte molekulare Passungen möglichst getreue Positiv/Positiv- bzw. später Positiv/Negativ/Positiv-Kopien der eigenen strukturellen und funktionellen Realität herbeizuführen. Die Sender und Empfänger bekannte und beiden verbindliche molekulare Symbolliste mußte ebenso eindeutig wie der sie transferierende Kanal „rauscharm" gehalten werden.
Da derartige Passungen — in katalytische und autokatalytische Schritte verwickelt — zudem noch empfindlichen Zeitrestriktionen unterworfen waren, mußten sehr subtile stereoelektronische Probleme gelöst werden. Selektion und Evolution entwickelten eine Reihe raffinierter Sender/Kanal/Empfänger-Strategien. Einige sind uns bekannt, manche meinen wir in groben Zügen bereits zu überblicken, viel harren sicherlich noch der Aufklärung. Das uns bisher bekannte molekulare Informations- und Übersetzungsbüro arbeitet wesentlich unter Verwendung eines in der Ausgangszahl seiner individuellen Bestandteile ebenso beschränkten wie durch sinnvollen Kombination und Kooperativität derselben variationsfähigen Instrumentarismus schwacher molekularer Wechselwirkungen. Ihre feinabgestufte Palette von Anziehung und Abstoßung, Sympathie und Antipathie, manipuliert über eine systemgelenkte Kooperativität von molekularen Domänenverbänden, machte erst jenes komplexe Optimum von Schnelligkeit und Spezifität der Erkennung und funktionellen Erwiderung, jene Rauscharmut in der Informationsweitergabe — angesiedelt zwischen zu großer statischer Starre und Klebrigkeit auf der einen zu zu hoher dynamischer Flexibilität und Flüchtigkeit auf der anderen Seite — möglich.
Die in der physikalischen Natur eben dieser schwachen Wechselwirkungen begründete energetische „Kurzsichtigkeit" der evolvierenden Makromolekülverbände erzwang von Anfang an jenes enge Struktur/Informations-Funktionskorrelat, das uns einerseits physikalisch sinnvolle analytische Begriffsbildungen so schwer macht, während es uns andererseits über die unseren experimentellen Untersuchungsmethoden noch am ehesten zugänglichen Strukturparameter sonst nur schwer erreichbare Einblicke in komplexe dynamische Wechselwirkungen ermöglicht.
Die „Heiligkeit" der starken und die „Alltäglichkeit" der schwachen Wechselwirkung ließ die Evolution zu einem Fluß von Matrizenbeziehungen werden; und geht man mit der Übersetzung dieses Begriffes ein wenig großzügig um, so erscheint hinter dem „omne vivum e vivo" so etwas wie ein allgemeingültigeres „omne vivum e matribus".

1.3. Der historische Prozeß — Ansichten zwischen Notwendigkeit und Zufall

Die in die Nebel unseres Ursprungs hinunterlotenden Sonden, mögen wir sie in die Tiefen unseres Heimatplaneten senken, sei es, daß wir sie in die evoluvierten Sequenzen unserer und unseres Mitlebens Informations- und Funktionsmolekülverbände legen, werden eines mit Sicherheit nicht mehr enträtseln: die annähernd lückenlose Folge unseres langen Weges. Wir werden gewisse Wegeabschnitte beleuchten können, interessante Wegmarkierungen und Verzweigungen noch fixieren; die ganze komplexe Vielfalt des Ausgangs und des Verlaufs werden wir der Vergangenheit nicht mehr entreißen [1–146, 277–297, 310–328].

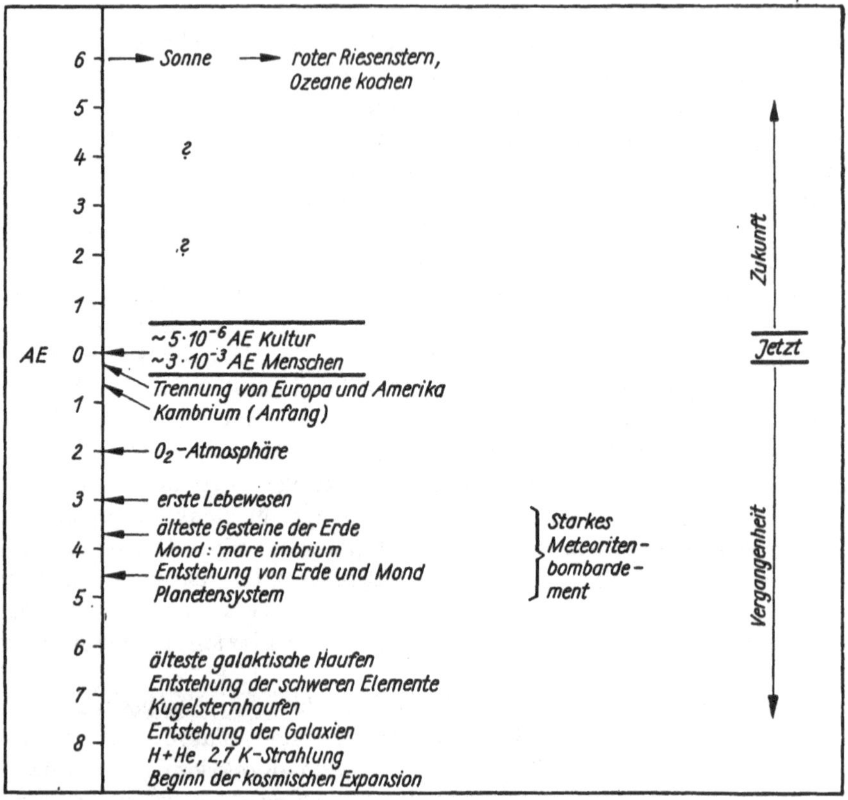

1 AE (Aeon) = 10^9 Jahre = 1 Milliarde Jahre

Hypothetische Zeitskalen der Evolution.

a) Historie und Futurologie unseres Sonnensystems nach A. Unsöld [278].

Und doch – was wir bis heute mit diesen Sonden ans Licht gebracht haben, ist phantastisch, erregend und stimulierend zugleich. Es offenbart Prinzipien und Strategien, läßt Entwicklungen und Verlaufsformen ahnen, die, wenn schon für unsere Evolution nicht mehr lückenlos beweisbar, so doch möglich; vielleicht für ähnliche Prozesse in den Tiefen des Alls in Vergangenheit und Zukunft potentiell verbindlich sind. Es regt zu Modellen, Hypothesen und Theorien an, die nicht nur das Wissen um uns und unsere Möglichkeiten bereichern, sondern neben einer zumindest Teilantwort auf die Frage unseres „Woher“ eine gewisse Orientierung und Weghilfe für unser „Wohin“ geben, an denen wir unsere Potenzen messen und unsere Bemühungen um zukünftige Entwicklungen unseres Lebens orientieren können.

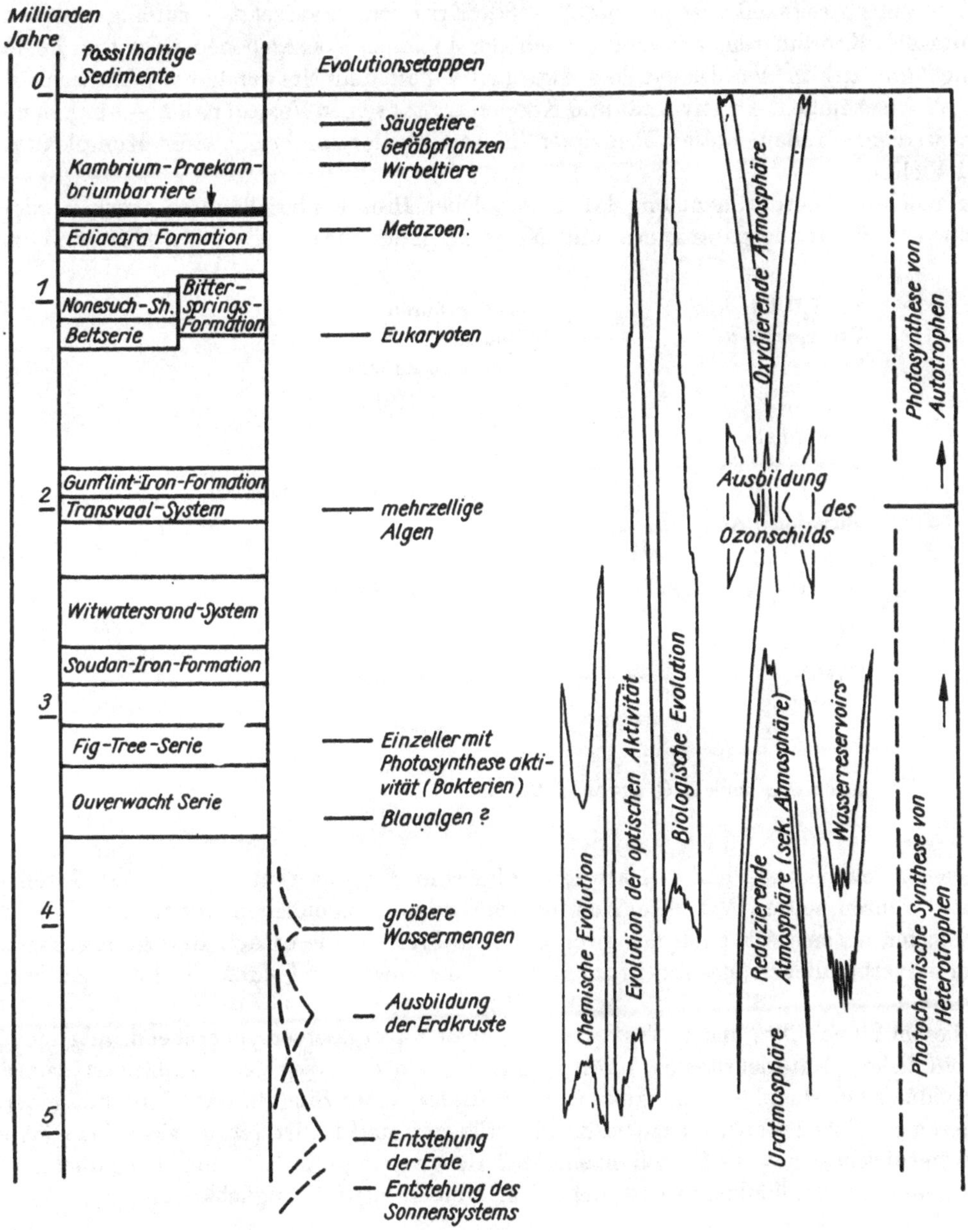

b) Die Erdvergangenheit.

Wir werden unseren historischen Weg nicht mehr voll rekonstruieren, doch wir werden mit zahllosen Simulationsmodellen nach und nach seine vielen Möglichkeiten aufspüren und finden. Ist es da so wichtig, welche im einzelnen die unseren waren?
Wir stehen an der Spitze einer weiten, in die Bezüglichkeiten wenigstens eines Sonnensystems hinabreichende Pyramide, Teil eines Lebensprozesses, der — gewisse einleitende

und von uns bereits teilweise zu überblickende Kriterien voraussetzt — zufällig in seinen Raum-Zeit-Koordinaten, notwendig nach der in ihnen vorgegebenen Orientierung in Gang kam, der in den Dialektiken zwischen Zufall und Notwendigkeit, Möglichkeit und Wahrscheinlichkeit, Rivalität und Kooperativität seinen Verlauf nahm — ausgehend von wenigen fundamentalen Prinzipien in schillernder unübersehbarer Komplexität und Vielfalt.
Wir möchten heute annehmen, daß eine solcher Prozeß überall unter gleichen oder ähnlichen Eröffnungsparametern mit Notwendigkeit wieder einsetzen muß und zu

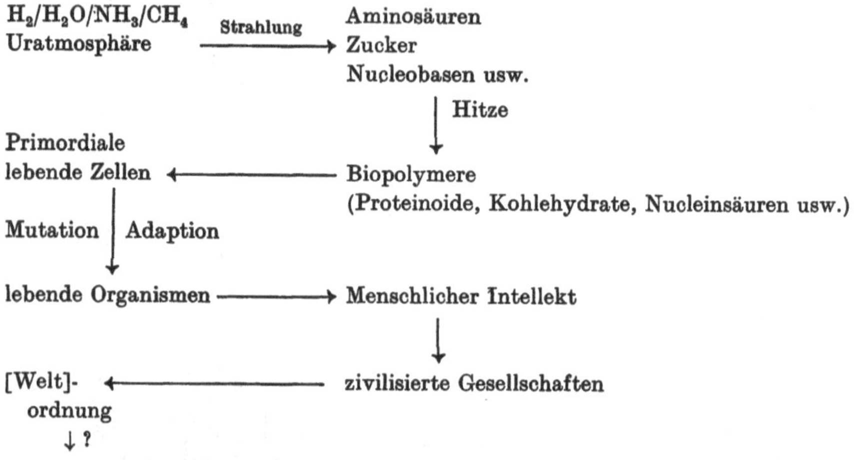

Evolution nach C. C. Price [262].

ähnlichen evolutions- und selektionsterminierten Organisationsformen und Intelligenzen führen sollte. Was ihre Komplexität jedoch ausschließen dürfte, ist, daß in den Tiefen unseres Alls auch nur zwei mögliche Prozesse dieser Art, Bewegungsformen einer allverbindlichen Materie in ihren Voraussetzungen und ihrem Verlauf identisch sind.
In diesem Sinne sollte unser Weg — allgemeinen Naturgesetzen gehorchend, allgemein verbindlichen Materiekriterien unterworfen — wie der Weg jedes einzelnen seiner Individuen ein singuläres Ereignis sein. In dieser seiner Singularität nicht mit einer anderen ähnlichen Bewegungsform zu identifizieren und im letzten unwiederbringlich, eine spezifische, unserem Prozeß eigene Materiebewegung inmitten einer Unendlichkeit von ähnlichen Möglichkeiten und mehr oder minder engen Bezüglichkeiten.

1.3.1. Der präbiotische Ausgang, das molekulare Chaos, potentiell biogene Strukturen

Unser Lebensprozeß erscheint in Entstehung, Entwicklung und zukünftiger Bedingtheit als das Produkt eines großen Zusammenhangs.
Nach einem vorgelagerten längeren Evolutionsprozeß von Weltall, Galaxis und — darin eingebettet — unseres Sonnensystems, der u. a. zu einer Anhäufung schwerer Elemente führte, reiften auf einem sich abkühlenden Trabanten in der äußeren Atmosphäre

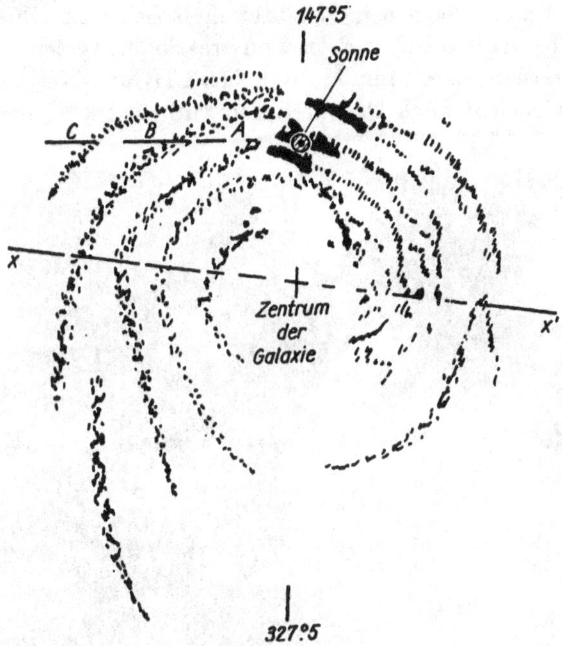

Spiralstruktur unserer Galaxie.
a) Aufsicht anhand der Wasserstoff-21-cm-Linie nach P. W. MERRILL [128].
Die schwarzausgefüllten Bereiche in der Nähe der Sonne markieren Intermediärpopulationen, die bereits durch herkömmliche Fotoaufzeichnungen bekannt waren.

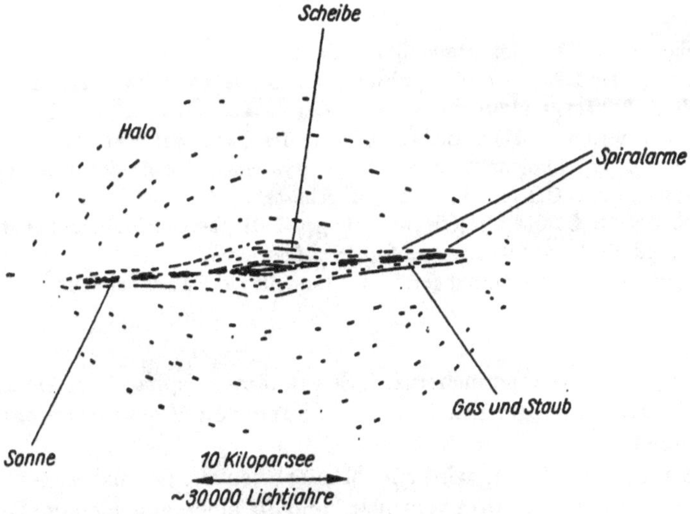

b) Seitensicht nach A. UNSÖLD [278].

des in „mittleren Jahren“ befindlichen Zentralgestirns Verhältnisse heran, die eine neue Bewegungsform der Materie, eine neue Qualität ihres Seins und ihrer Dialektik ermöglichten, eine neue Seite im historischen Prozeß unseres Sonnensystems aufschlugen. Die ursprüngliche „Primäratmosphäre“ mit H_2, daneben CH_4 und NH_3 sowie kleinen Mengen He, N_2, N_2 und vielleicht auch O_2 war durch vulkanische Prozesse einer an

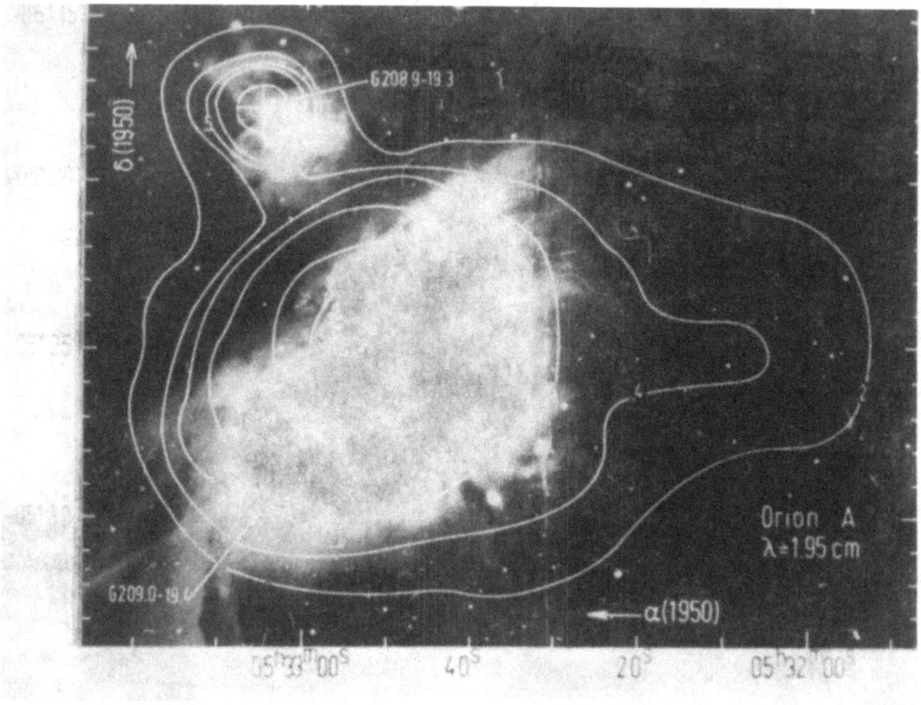

Moleküle — „Lebenskeime“? — im interstellaren Raum.
Intensitätsverteilung der 1,95-cm-Radiostrahlung des Orionnebels im Vergleich mit optischen Helligkeiten nach H. Elsässer [120].
Die interstellare Formation — 1500 Lichtjahre von der Erde entfernt, ca. 10 Lichtjahre im Durchmesser — zeigt Entstehungsmuster von Sternensystemen. Im großen Komplex sind Infrarotstern, Infrarotquelle und OH-Molekülquelle eingebettet.
HCN, CO, H_2CO, CN, H_2O, CS, CH_3OH und jüngst TBP (Magnesiumtetrabenzporphin — ein möglicher Chlorophyll-Vorläufer) wurden weiterhin aufgefunden.
Insgesamt sind heute ca. 30 „Verbindungen“ im interstellaren Raum bekannt.

CO_2, CO, H_2O, N_2 und H_2S angereicherten „Sekundäratmosphäre“ gewichen. Sinkende Temperaturen führten zur allmählichen Ausbildung von Wasserreservoirs [110—116, 120—146, 277—293].

Die nun einsetzende Entwicklung wird zum Musterbeispiel eines dialektischen Prozesses: Eine „These“ wird molekular durchgespielt, und in einer allgemeinen Divergenz der Versuche entwickeln sich Widersprüche zum Ausgangsinhalt. Antithesen entstehen. Bietet eine solche Antithese Vorteile gegenüber dem bisher vertretenen Leitmotiv,

Gase der Planeten- und Satelliten-Atmosphären

	Gas		Gas
Merkur	unidentifiziert	Uranus	H_2, CH_4
Venus	CO_2, CO, HCl, HF, H_2O	Neptun	H_2, CH_4
Erde	N_2, O_2, H_2O, Ar, CO_2, Ne, He, CH_4, Kr, N_2O, H_2, O, O_3, Xe	Pluto	unidentifiziert
		Jupitermonde	unidentifiziert
Mars	CO_2, CO, H_2O, O_2	Titan	CH_4
Jupiter	H_2, CH_4, NH_3	Triton	unidentifiziert
Saturn	H_2, CH_4, NH_3(?)		

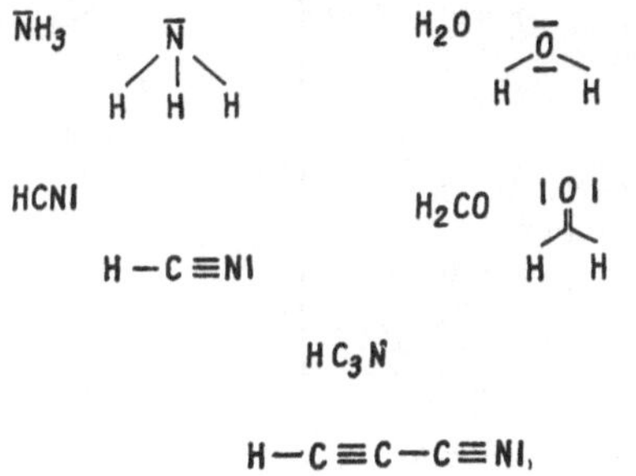

In den heutigen Planeten- und Satelliten-atmosphären identifizierte Gase nach J. ORO [125].

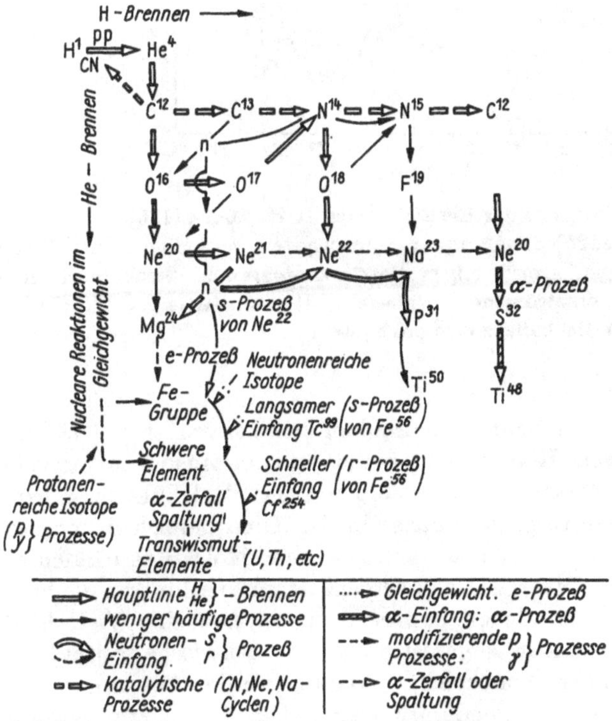

Elemente-„Brennen“ der Sterne nach E. M. BURBRIDGE u. Mitarb. [127].

bricht die Weiterführung der Ausgangsthese zusammen. In einer konvergenten Phase setzt sich die vorteilhafteste Antithese durch, wird selber zur neuen These und eröffnet eine neue divergente Phase des sich nach allen Richtungen und Möglichkeiten hin Ausspielens.

Die erste These galt dem Bausteinsatz des großen Prozesses. Eine photosynthetisch

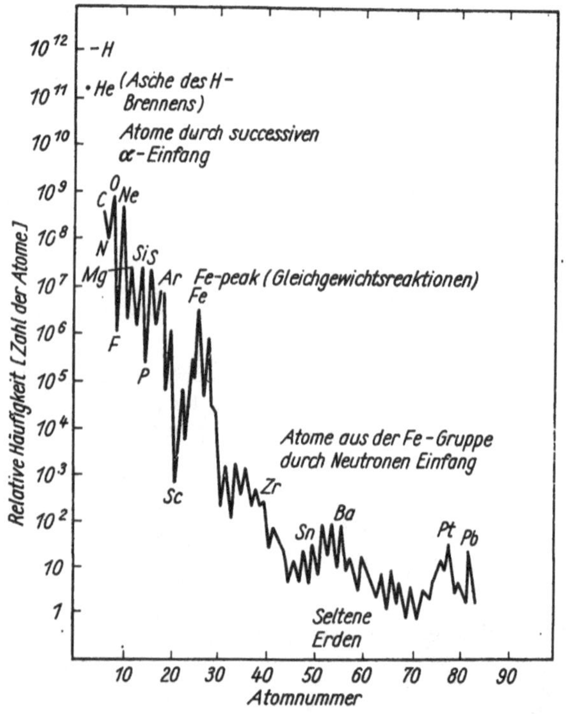

Relative Häufigkeit der Elemente nach L. H. Aller [126].
Nach Oró [125] ähnelt unser Sonnensystem bezüglich seiner Elementverteilung einem riesigen kreisförmigen Gaschromatogramm. Strahlungshitze und das der Protosonne entströmende Wasserstoff/Helium-Carriergas drückten die leichten Elemente in die Außenzonen des Systems.

äußerst wirksame intensive Sonneneinstrahlung ließ zusammen mit elektrischen atmosphärischen Entladungen, Radioaktivität und Vulkanismus ein divergentes Spektrum kleiner, zumeist recht reaktionsfähiger „organischer" Moleküle entstehen, die sich in einer anschließenden konvergenten Phase in den Grenzbereichen von Atmo-, Solido- und Hydrosphäre zu ersten größeren Aggregaten und Molekülverbänden vereinigten.

Die Chemie dieser ersten Divergenz-Konvergenz ist im Anschluß an die bahnbrechenden Experimente Millers, mit denen bewiesen wurde, daß eine Vielzahl der heutigen Dominanzstrukturen lebender Organismen durch elektrische Entladungen in einer simulierten „reduzierenden Atmosphäre" erhalten werden können, zu einem nahezu explodierenden Arbeitsgebiet moderner chemischer Forschung geworden. War es Ausgangs des 19. und zu Beginn des 20. Jahrhunderts der Ehrgeiz vieler Naturstoffchemiker, Synthesen unter „zellmöglichen" Bedingungen durchzuführen, so gilt heute im Zeitalter einer doch schon recht emanzipierten Biochemie das Interesse im zunehmenden Maße auch wieder einer „Vorzellchemie" [14, 31, 33, 34, 64–69, 109, 110–115, 133–146, 199, 224, 282, 285–291, 294, 295, 310–328].

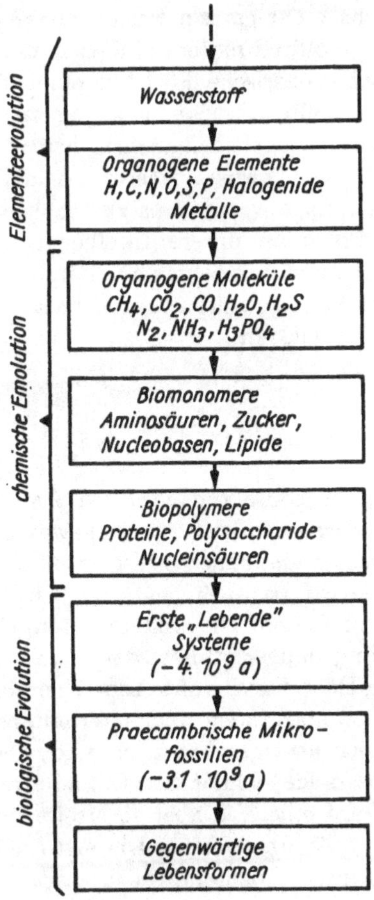

Zeitfolge der Evolution
modifiziert nach M. Calvin [285].

Es würde den Rahmen jeder Monographie sprengen, auf das dem ursprünglichen „molekularen Chaos" sicher durchaus schon äquivalente „Simulationschaos" bisher bekannt gewordener Syntheseführungen einzugehen. Immerhin beginnen sich einige allgemeingültigere Konturen des komplexen Simulationsbildes zu verdeutlichen.

1.3.2. *Die chemische Evolution*

"The prebiotic phase is chemistry and as such is described "in principle" by quantum mechanical theory. However it has to be shown, of course, that conditions on the early earth were such as to favor the formation of the required material. Another problem is that in absence of any functional order a much larger variety will be formed than is actually required. The complexity of what chemistry can account for is tremendous, a glance through the „Beilstein" may serve to illustrate this. Anything which can form under appropiate conditions will do so; the first phase of evolution is a divergent one and only by functional organisation can it be turned into convergent reproduction and "valued" evolution" formulierte Eigen [91].

Und es ist frappierend zu sehen, wie innerhalb der ganzen Palette der ursprünglichen Möglichkeiten schon Einengungen auf das „required material" anzutreffen sind. Diese Feststellung könnte so etwas wie eine vorherseherische Fürsorge eines großen Plans für seine eigene Durchführung implizieren, sollte aber nicht so verstanden werden. Die Evolution des Lebensprozesses arbeitete — ähnlich manchem heutigen Chemiker in nicht allzu exclusiv ausgestatteten Labors — gezwungenermaßen ausgehend von den vorhandenen Möglichkeiten und versuchte, etwas daraus zu machen. Dies beinhaltet andererseits eine provokatorische Frage an unsere Intelligenz und kreative Potenz, die bis heute unbeantwortet geblieben ist: ginge das auch anders? Wären gegebene Möglichkeiten evtl. unter geeigneter Variation der äußeren Parameter von uns zu ähnlich sinnvollen Evolutionsformen zu entwickeln.

1.3.2.1. Der Start in der Atmosphäre

Die präbiotische Atmosphäre unseres Planeten sollte zunächst von ihrer wahrscheinlichen Herkunft aus einer interstellaren Materieansammlung geprägt gewesen sein. Vulkanische Prozesse hatten ihre Zusammensetzung modifiziert. Insgesamt dürfte es eine reduzierende Atmosphäre gewesen sein, wie wir sie auch heute noch bei den großen kälteren Planeten unseres Sonnensystems vorfinden. Die weiteren Hauptfaktoren am Ausgangspunkt der Evolution waren Umgebungseinflüsse der Planetenoberfläche und vor allem die zur Verfügung stehenden Energiereservoirs. Eine Energiekalkulation zeigt, daß der Hauptanteil der die Evolution startenden und unterhaltenden Energie von der Sonne geliefert wurde und bis auf den heutigen Tag noch wird; erst in weitem Abstand gefolgt von erdgebundenen Prozessen wie elektrischen Entladungen innerhalb der Atmosphäre, Radioaktivität und Vulkanismus, die aber ihrerseits noch sonnenfremde kosmische Strahlung in ihrer Quantität übertreffen. Die erste „Chemie" der Atmosphäre war damit vorzugsweise eine durch Hochtemperaturreaktionen ergänzte und modifizierte Strahlenchemie von Methan, Ammoniak und Wasser sowie deren Folgeprodukten. Sie führte über ein Spektrum kleiner „heißer" Moleküle in Kaskaden teilweise ineinandergreifender Folgeumsetzungen zu einem bereits recht breiten Spektrum der einfachsten chemischen Bausteine heutiger Bioorganismen. Schon jetzt verwischen sich aber auch die einzelnen Synthesewege, variieren und modifizieren sich die Ausgangspositionen, tritt jene komplexe Unschärfe, Kriterium späterer Lebenserscheinungen, erstmals in Erscheinung.

Es bilden sich Amino- und Hydroxycarbonsäuren — zumeist mit funktioneller Gruppierung in α-Stellung—, unterschiedliche Zucker, Kohlenwasserstoffe und Heterocyclensysteme. Unter den letzteren Pyrrole, Imidazole, Pyrimidine, Purine und in ersten metallkatalysierten „template-Reaktionen" in der Ligandensphäre von Übergangsmetallen: Porphyrine. Die schwerer werdenden Moleküle bedingen teilweise einen Wechsel ihres zukünftigen Reaktionsmediums. Sie beginnen sich auf die noch fließenden Oberflächenstrukturen des erkaltenden Planeten niederzuschlagen.

Von jetzt an schaffen die nur langsam zur Ruhe kommende und immer wieder durch vulkanische Prozesse zerrissene Solidosphäre und die sich langsam kondensierende Hydrosphäre neue Reaktionskriterien.
Die erste Phase der Divergenz, die Ära der kleinen heißen Moleküle, ihrer Entstehung und ihres unmittelbaren „Reaktionseifers" engt sich zumindest teilweise auf Wege zu größeren Molekülen und Molekülaggregaten ein. Prozesse molekularer Begegnung, erkennenden Austauschs und teilweiser Kooperation beginnen wichtig zu werden.

1.3.2.2. Wege zum Makromolekül

Unter Nutzung der neuen Möglichkeiten setzt eine erneute divergente Periode der Wegfindung in Gestalt einer Makromolekülerprobung ein.

Festphasenkondensation

Ausgangsprodukte	Aktivierung	Matrize	Reaktionsprodukte
33% Asp, 17% Glu, 30% andere Aminosäuren Polyphosphorsäure	100 °C	–	Polykondensat (Proteinoid)
Uridin NaH_2PO_4	Anorganisches Phosphat 160 °C	–	UpU, UpUp
Cp	Polyphosphorsäure 65 °C		Poly(C) (n = 6)
pU	Polyäthylmeta-phosphate	– Poly(A)	} Poly(U) (M: 50000)
Adenosin-cycl.-2′,3′-Phosphat + aliphatische Diamine	c-Phosphat 85 °C	–	$(pA)_6$ (3′–5′) $(pA)_{15}$
Phosphoramidate von Gly, Ala + Imidazol	Phosphoramidate	–	10% kleine Peptide
Spermin-N(5′)-phospho-adenosin	100 °C	– Mont-morillonit	16% AppA 22% AppA

Polypeptide aus einfachen Vorläufern

Ausgangsprodukte	Aktivierung	Reaktionsprodukte
$CH_4/NH_4Cl/H_2O$ SO_2/Fe	hν [UV]	Peptidähnliche Substanzen
$CH_4/NH_3/H_2/H_2O$	elektr. Entladungen	Peptide
$HCN/NH_3/H_2O$	Erwärmen auf 20 °C	Peptide
$HCN/NH_3/H_2O$	–	Peptide

Polymerisation einzelner Aminosäuren

Ausgangsprodukte	Aktivierung	Matrize	Reaktionsprodukte
Gly/NH_3	Erhitzen auf 140 °C	–	Gly_{18}
N-Acetyl-Gly	γ-Strahlung	–	[Gly]?
Gly	Carbodiimid	–	Gly_8
Gly + N-Formyl-Gly (Spuren)	Carbodiimid	–	Gly_6
Lys	Carbodiimid	–	0,8% Gly_2
		Poly(A)	2,5% Gly_2
Gly	Cyanamid	–	1% Gly_2
Gly	Dicyanamid	–	30% Gly_2
Ala	Dicyanamid	–	Ala_2
		Poly(Gly)	< % Ala_2
Ala	Dicyandiamid	–	Ala_2/Ala_3
Gly	Diaminomalonitril	–	3% Gly_2
Gly	Trimetaphosphat	–	40% Gly_2
Glycylazid	[N_3^-]	–	[Gly]?
Glycyl-benz-hydroxamat	-benzhydroxamat	–	[Gly]?
Leucin-N-carboxyanhydrid	-N-carboxyanhydrid	DNA	Peptide
Leucylphosphat	Phosphorsäureanhydrid	–	Leu_{20}
Alanyladenylat	Phosphorsäureanhydrid	–	Ala_7
Alanyladenylat	Phosphorsäureanhydrid	Montmorillonit	$Ala_{9-18-27-56}$
Gly/Lys/Phe/Pro-Adenylate	Phosphorsäureanhydrid	Polypeptide und Polynucleotide	Einbau der Aminosäuren

Polymerisation verschiedener Aminosäuren

Ausgangsprodukte	Aktivierung	Matrize	Reaktionsprodukte
33% Asp/17% Glu/50% andere Aminosäuren + Phosphorsäure	Erhitzen	–	Polykondensate unterschiedlicher Zusammensetzungen
Gly+Leu	UV	–	Gly-Gly/Gly-Leu/Leu-Gly
20 Aminosäuren + Spuren von N-Formylderivaten	Carbodiimid	–	Polykondensat [MGW ~ 2500]
18 Aminosäuren + AMP	–		Polypeptide Zusammensetzung ~ Ausgangsmuster entsprechend
18 Aminosäuren/AMP/Spuren von N-Formyl-Met	Carbodiimid	–	Polypeptide und Polynucleotide
Asp/Ser	Dicyanamid	–	x% Asp-Ser
		DMF	4x% Asp-Ser
16 Aminoacyladenylate	Phosphorsäureanhydrid	Montmorillonit	Polymere (Zusammensetzung verschieden von Ausgangsmischung)
„Zweier“ Aminoacyladenylate (Asp/Ser)	Phosphorsäureanhydrid	Montmorillonit	Asp-Asp 59%, Ser-Ser 22% Asp-Ser 10%, Ser-Asp 9%

Polykondensation von Nucleotiden

Ausgangsprodukte	Aktivierung	Matrize	Reaktionsprodukte
d-pA	Cyanamid	Poly(Arg)	Polymere ?
pT		Montmorillonit	$(pT)_5$
pT	Imidazol	—	0,2% Dinucleotid
			0,1% Trinucleotid
		—	25% $A^{5'}ppA$
pA			1,5% pApA + $A^{5'}ppApA$
			14% $pA^{2'}pA$
		Poly(U)	2,5% $pA^{3'}pA$
			25% $A^{5'}ppA$
			6% $A^{5'}ppApA$
pG	Carbodiimid	—	3,7% $G^{5'}ppG$
			0,2% pGpG
			0,1% $G^{5'}ppGpG$
			18% $G^{5'}ppG$
		Poly(C)	3% $pG^{3'}pG$
			3% $pG^{2'}pG$
			2,8% $G^{5'}ppGpG$
$(pT)_6$		Poly(A)	5% $(pT)_{12}$
pA		—	8,6% $A^{5'}ppA$
		Poly(Lys)	15% $A^{5'}ppA$
Adenosin-5'-phosphor-imidazolid	Phosphorsäure-imidazolid	—	1,7% ApA
		Poly(U)	41% ApA (0,8% 3'−5')
Adenosin-2'3'-cycl. Phosphat + Äthylendiamin	c-Phosphat	—	12% $A^{2'}pAp$
			37% Ap
		Poly(U)	23% $A^{2'}pAp$
			23% Ap
Adenosin-2'.3'-cycl.-Phosphat	c-Phosphat	—	2% $A^{2'}pAp$
		Poly(U)	9% $A^{2'}pAp$
		Poly(vinyl-uracil)	15% $A^{2'}pAp$
Amidate von Oligodesoxynucleotiden	Phosphoramidat	Poly(U)	10% (Poly *d*A + oligo *d*A)

Simulation praebiotischer Prozesse zwischen Mono- und Polymer nach C. SADRON u. Mitarb. [294, 295].

Die Solidosphäre

Sehr heterogene Festkörperoberflächen absorbieren größere Moleküle, die damit erstmals Bekanntschaft mit einem Reich hierarchischer Ordnungsprinzipien machen. Die spezifische Oberflächengestaltung besonderer Mineralien fördert sowohl Wechselwirkungen zwischen absorbierten Molekülen und Wirtsgittern wie auch der absorbierten Moleküle untereinander. Diese werden erstmals in höherer Konzentration in enger Nachbarschaft zueinander fixiert. Die räumliche Nähe und gewisse wirtsbedingte Zuordnungen schaffen Möglichkeiten, auch geringere Energieinhalte zu Reaktionen untereinander auszunutzen. Zum Teil tragen energiereiche Polyphosphate der Solido-

sphäre auch ihrerseits noch zur Energieausstattung der Monomeren bei. Die ersten Katalysen finden statt, die ersten Matrizenbeziehungen in ordnenden Wirtsgittern mit Ligandenphasen entwickeln sich. Erste Anfänge eines Energieaustausches, eines transfer tauchen auf. Eine Reihe spezifischer und sterisch schon etwas sortierter Polymerisations- und Kondensationsreaktionen wird möglich und auch sofort durchgespielt.
Aus den Monomeren werden Oligomere und dann Polymere mit qualitativ neuen Eigenschaften. Das einzelne Individuum geht im Verband auf. Doch was an Individualität verloren geht, wird an Kooperativität gewonnen. Waren für die kleinen Moleküle kovalente Bindungen und bestenfalls noch Ionenbeziehungen interessant, so summiert sich jetzt das Spektrum potentieller schwacher Wechselwirkungen eines Molekülverbandes zu einer beträchtlichen kooperativen Potenz auf. Den großen energetischen Leitmotiven überlagern sich sehr modulationsfähige Variationsmuster. Gewisse Struktur/Funktionsbeziehungen könnten sich ausbilden. Organisationsformen scheinen möglich zu werden; doch die vielen guten Ansätze fressen sich in der Statik der Festkörperverhältnisse fest. Eine adynamische Enge bricht sich entwickelnde Prozesse immer wieder ab. Die ersten potenten molekularen Organisationsformen bleiben in dem gefangen was sie erzeugen half, in einer übergroßen klebrigen Ordnung. Und eine unbarmherzige Strahlung „zerbrät" zwischen Solido- und Atmosphäre vieles mühsam molekular erreichte.

Die Hydrosphäre

Ein Teil der Moleküle wird in die sich allmählich abscheidenden Wasserreservoirs geschlagen [171—173, 278, 292, 293, 297].
Sie treffen hier auf ein dem Festkörper in gewissem Maße ähnliches aber doch qualitativ völlig anderes Medium. Die hierarchischen Strukturen der Festkörperoberflächen, die sich für viele Katalyseprozesse als Matrizen anboten, sind in dem neuen Medium einer metastabilen Nahordnung und einer fluktuierenden Fernordnung gewichen. Dieses Medium ist eine Art Zwitter zwischen Solido- und Atmosphäre. Ein flüchtiger, fließender zerbrechlich lockerer Polymerverband. Eine schlüpfrige Passung gegenüber der Starre der Festkörperoberflächen. Eine Art dynamischer Matrix gegenüber der bisher gewohnten statischen. Ein Medium, dessen flirrende Austauschformen auch größere Assoziationsverbände lösen können, sie aus starrer Klebrigkeit befreien und zu neuen Kooperationsverhältnissen führen. Ein Medium, dessen besondere Wechselwirkungsverhältnisse zu spezifischen Bereichen seiner Gastmoleküle eine neue zukunftsträchtige Variante zu den bisher bekannten schwachen Wechselwirkungen hinzufügt; eine über die Entropie wirksame Kraft, die besondere Attraktionsverhältnisse zwischen wasserunähnlichen Teilen der gelösten Gastmoleküle herbeiführen kann. In diesem Medium wird ein Zu- und Abtransport von Synthesestart- und Endprodukten möglich, eine Art früher „Stoffwechsel" der Molekülaggregate erscheint aufbaubar. Zudem bietet dieses Medium schon einige Meter unter seiner Grenzschicht zur Atmosphäre den Makromolekülverbänden einen Schutz vor der „quälenden" Sonneneinstrahlung, die manche mühsam „erspielte" molekulare Kooperativität photochemisch wieder vernichtet [130—132].
Es scheint ein Paradies für die Trends der chemischen Evolution zu sein. Und doch — es sind nicht nur Vorteile, die da entdeckt werden. Zwar bietet die Hydrosphäre den Molekülverbänden Schutz vor strahlenchemischer Zersetzung durch die Sonne, doch vielfach mühsam unter Wasseraustritt geknüpfte Bindungen werden wieder aufhydroly-

siert. Nur in wenigen Fällen sind kleine Katalysatormoleküle vorhanden, die auch unter ungünstigen Bedingungen noch Verbindungsknüpfungen erreichen. Jedoch — auch sie können nicht gegen den Trend der Umweltparameter ansynthetisieren. Da Hin- und Rückreaktion in gleichem Maße katalysiert werden, dominiert im wesentlichen die Zersetzung, zwar nicht photochemisch, wohl aber hydrolytisch. Die Eigendynamik des neuen Milieus wird auch noch in anderer Hinsicht vielen potenten Monomeren und wechselwirkungsträchtigen Oligomeren und Polymeren zum Verhängnis: Sie werden in die Weiten unendlicher Verdünnungen gespült — verloren für jedes weitere Assoziationsspiel.

Gewisse Nachteile lassen sich durch die Evolution noch in partielle Vorteile wandeln. Weniger gut lösliche Makromoleküle werden in ihrer Entstehung gefördert, erste Optimierungsstrategien entwickeln sich. Der durch das Medium hervorgerufene hydrolytische Abbau fördert das schnellere Durchspielen von Möglichkeiten.

Es wäre im ganzen etwas sehr ideales, was die Moleküle mit diesen Umgebungsstrukturen entdeckt haben, gebraucht würde allerdings ein ordnender „deus ex machina". Die divergente Phase hat die ihr zur Verfügung stehenden Möglichkeiten nahezu erschöpft. Erste Struktur/Funktionsmuster oder sollte man schon sagen Informations/Funktionsmuster sind gefunden. Doch ihr Erhalt, und erst recht ihre Weiterentwicklung sind in Frage gestellt. Zwischen zu großer statischer Starre am Festkörper und zu großer dynamischer Flüchtigkeit im wäßrigen Medium klaffen die Potenzen weit auseinander. Der Prozeß scheint zwischen Festkörperreaktion und Bewahrung der Information — ohne große Möglichkeiten, Funktionalitäten aus- und durchzuspielen, auf der einen Seite — und flexibler Funktionsdynamik — ohne große Aussichten, die Information in dieser flirrenden wäßrigen Matrix für längere Zeit aufrechtzuerhalten, geschweige denn sie zu bewahren, auf der anderen Seite — zersetzt zu werden. Läßt sich der Brückenschlag erreichen, lassen sich Vorteile beider Ansätze bewahren, Nachteile beider ausmerzen?

Eine neue Konvergenz bahnt sich an. Gesucht werden Moleküle, die Solido- und Hydrosphäre miteinander vereinigen können, und, wenn dies nicht möglich erscheint, die im Spannungszustand dieser beiden Welten leben und sogar von ihm profitieren können. Die imstande sind — und dies wird in Zukunft eine immer wieder geübte Verfahrensweise werden — die Errungenschaften der bisherigen Wege unter möglichst vollständiger Übernahme des entwickelten Instrumentarismus weiterzuführen. Eine neue Molekülspezies mit ihrer makromolekularen Verwandtschaft entsteht und wird in einer neuen divergenten Periode durchgespielt.

Die Grenzlandbewohner

„Similia similibus solvuntur" oder das Konzept „hydrophil/hydrophob"

Die in den Grenzflächen fest/gasförmig und flüssig/gasförmig angebahnte Lösung wird in der Grenzfläche flüssig/fest weiterentwickelt und einer Entscheidung zugeführt. Milliarden Jahre später werden intelligente Wesen bei ihrer ersten Bekanntschaft mit den Problemen der Chemie das alte Konzept wiederentdecken und es mit „similia similibus solvuntur" ausdrücken. Die neue Mode heißt beides zu sein, halb festkörperähnlich, halb wasserähnlich, um von den Vorteilen beider Medien profitieren zu können. Das Prinzip „hydrophil/hydrophob" wird geboren, als sehr nützlich befunden und in einer erneuten Divergenz zwischen Monomer und Polymer erprobt [174—191, 199, 203, 234—238, 264, 278, 279, 285—297, 310—328].

Die Grenzlandbewohner: Amino- und Hydroxycarbonsäuren, Zucker, funktionelle Kohlenwasserstoffe, Nucleobasen, ihre Folge- und Umsetzungsprodukte beginnen das große Spiel inter- und intramolekularer Sympathie- und Antipathiebeziehungen, einstudiert in den Solido- und Hydromatrizen ihrer ehemaligen Umgebungsstrukturen, in den Konzentrations-, Temperatur- und sonstigen Qualitätsgradienten von Phasengrenzflächen weiterzuentwickeln.
Die Vereinigung hydrophiler und hydrophober, polarer und apolarer Eigenschaften in Einzelmolekülen und Molekülverbänden erweist sich als ein Glücksgriff. Neue Kooperativitätsmuster unter Ausnutzung unterschiedlicher katalytischer Phasengrenzregionen bieten sich an. Zu leicht lösliche Partner werden in die Unendlichkeit der sich bildenden Ozeane gespült, verloren für jede fortführende Kooperation nützlicher Wechselspiele auf polar/polarer Basis. Wasserunlösliche Strukturen dagegen bleiben auf die zufälligen Orte ihrer Entstehung fixiert, mögliche potente Systeme in die Starre ihrer festen Katalysepartner geklebt, selbst in die Ordnungen der sie umgebenden Festphasenstrukturen versinkend. „Hydrophil/hydrophob"-Strukturen im dialektischen Widerspruch zwischen den Thesen der Starre und der Dynamik, geboren in den umspülten und umkämpften Grenzregionen über Solido- und Hydrosphäre, in ihrem neuen Eigenleben zerrissen zwischen der geordneten Ruhe der Festphasen und dem Fluß der Wasserassoziate lernen von den fließenden Polymerstrukturen der fluktuierenden Wasserschwärme, fügen sich in das erste große Spiel wechselseitiger, befristeter Zuordnungen auf dynamischer Basis — molekulares Begegnen, Vergessen, Wiederbegegnen und Wiedervergessen, und erstes Erinnern und Verstehen — mit Notwendigkeit erworben in der Unzahl der Zufälligkeiten.

1.3.2.3. Die neuen Qualitäten:

Mesophasen zwischen Symmetrie und Ordnung, Asymmetrie und Richtung

Wie mögen sie ausgesehen haben, jene ersten Systeme zwischen „Wasserliebe" und „Wasserhaß"? Vielleicht langkettige Carbonsäuren und deren Abkömmlinge. Sie scheinen ein recht brauchbares Prinzip zur Ausbildung angepaßter Ordnungsstrukturen in fließender Umgebung. Die klebrige Anhänglichkeit der „langen Schwänze" zueinander, die Tendenz kleiner polarer Köpfe unter Überwindung des apolaren Schwanzballastes doch noch Wechselwirkungen mit den fließenden Polymerstrukturen der umgebenden Wasserschwärme zu erreichen, lassen in Abhängigkeit von den individuellen Strukturen, von Konzentrations- und Temperaturparametern eine reproduzierbare Vielfalt wechselnder Zuordnungsmuster in einer Statistik der Vielzahl entstehen.
Diese statistischen, labilen Kristalle, Parakristalle, Mesophasen im eigentlichen Sinne des Wortes entdecken den Varietätenreichtum zwischen den Extremen der gasförmigen Beziehungslosigkeit und der festen Verhaftung auf einem Weg des Wechselspiels ihrer eigenen fest/flüssigen Bezüge in einem Medium verwandter Strukturierung [174—191, 199, 203, 297—309].
Zwischen These und Antithese in einem Bereich nicht idealer Kristallinität und nicht idealer Flüssigkeit scheint ein langer Weg idealer Funktionalität gefunden werden zu können. Zu begehen von Phasensystemen, die mit der Vielfalt wechselnder Domänenstrukturierung variantenreiche Struktur/Funktionsmuster entwickeln.

Doch ist die Gestaltung dieses Prinzips schon gefunden? Das Instrumentarium schwacher Wechselwirkungen, durch den Wasserkontakt noch um die attraktive Spielart der hydrophoben Bindung bereichert, — ineffektiv für das monomere Individuum — erreicht in der Assoziation zum Verband jenen Zustand zwischen Flüchtigkeit und Klebrigkeit, der gleich fern von der Verhaftung starker und der energetischen Beziehungs-

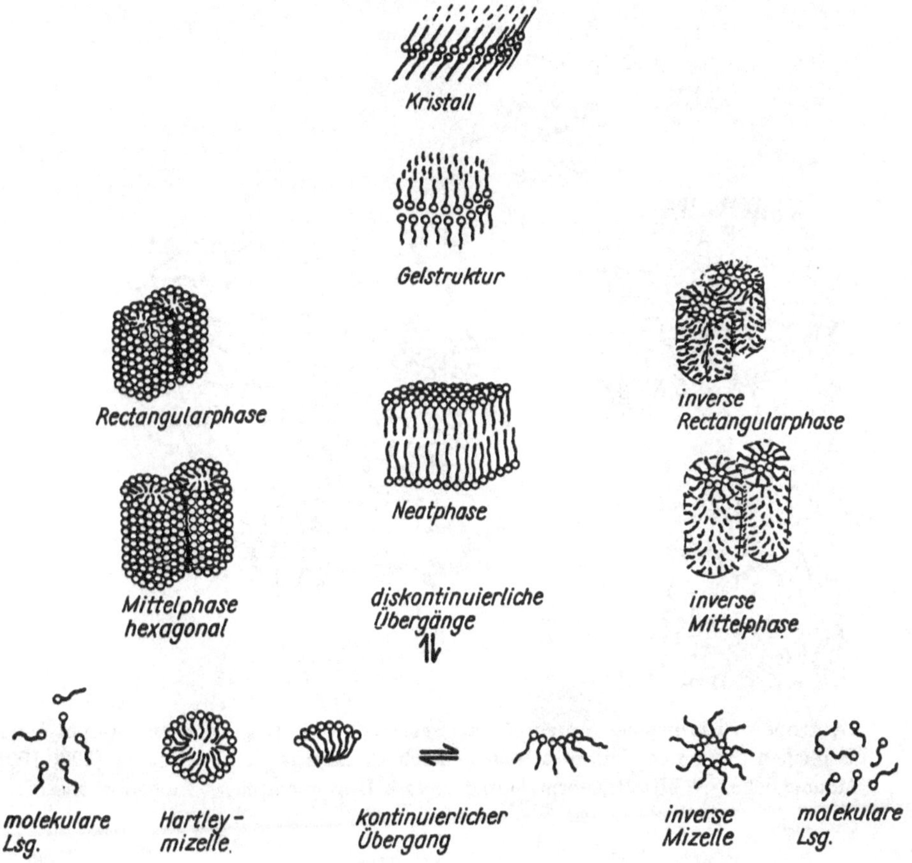

Lyotrope konzentrationsabhängige Phasenspiele amphiphiler Kopf/Schwanz-Systeme.

losigkeit vereinzelter schwacher Wechselwirkungen in einem breiten Musterbereich das weite attraktive Niemandsland zwischen den Extremen — sie selbst in eigenen strukturellen Bemühungen tangierend — ausfüllt.

Die effektive Nutzung der Summation schwacher Wechselwirkungsmöglichkeiten bedingt für die energetisch kurzsichtigen Strukturen die vordringliche Wichtigkeit einer sinnvollen topochemischen Ausprägung. Die Struktur, die banale Geometrie wird Kriterium möglicher Wechselbeziehungen, erster Erkennungsschritte, erster Prozesse des sich wechselseitig aufeinander Einspielens, beginnender Partnerschaft eines Sender/Kanal/Empfängerverhältnisses in der Informationsweitergabe noch zu erspielender Funktionsmuster.

Hier könnte so etwas wie eine Kausalkette in der individuellen Zufällgikeit entstehen, der Aufbewahrung der eigenen Wichtigkeit über den molekularen Zerfallsprozeß, über den eigenen molekularen Tod hinaus durch die Information eines Partnermoleküls über das eigene vergängliche Sein und seiner erworbenen und erkämpften Funktionalität. Hier könnte sich losgelöst von den Bezüglichkeiten der Herkunft ein intermolekulares Mutter/Tochter-Matrizenverhältnis gerichteter Informationsweitergabe der

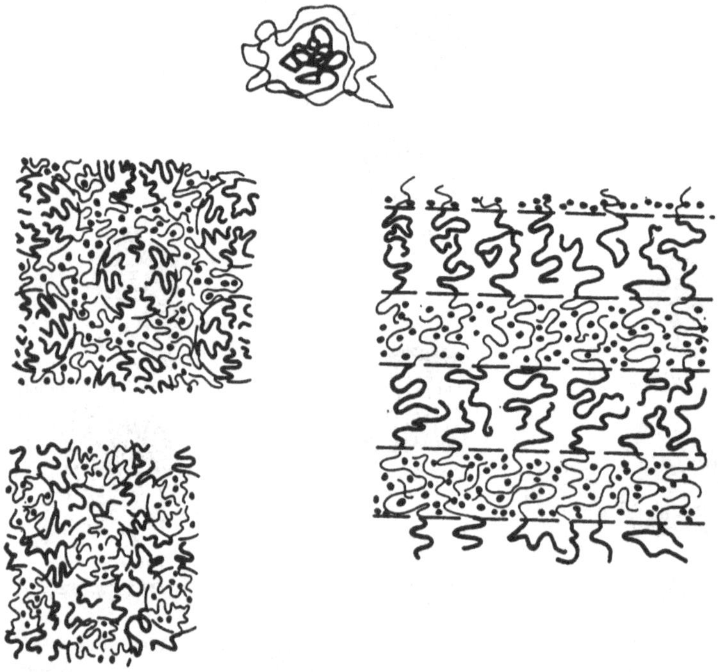

Lyotrope Phasenspiele amphiphiler Systeme mit ausgedehnten Amphiphilie-Bereichen (monomolekulare Mizellen) nach C. Sadron u. B. Gallot [203, 199]. Monomolekulare Mizelle, normale und inverse Hexagonalphase, Lamellarphase.

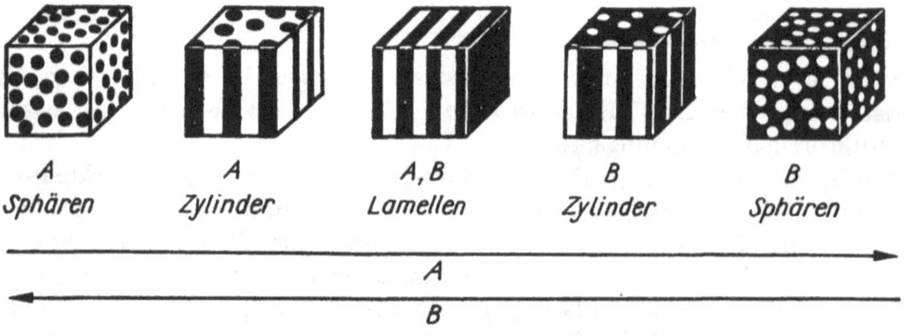

Festphasenstrukturierungen von A-B-Strukturen für variierte A/B-Gehalte nach C. Sadron u. B. Gallot [203].

eigenen stereoelektronischen Funktionsmuster in die Schar unübersehbarer Nachkommenschaften andeuten. Anreicherung des einmal erprobten, einmal gelernten für den Informationsgehalt des großen Prozesses, der nur in seinen Gliedern lernen kann, der die milliardenfachen Opfer für die Weiterentwicklung des Prinzips verbrauchen muß. Doch hierzu scheinen diese lockeren Kooperationsindividualitäten im wesentlichen zweidimensionaler passiver Gespielinnen des wäßrigen Mediums zumindest allein außer-

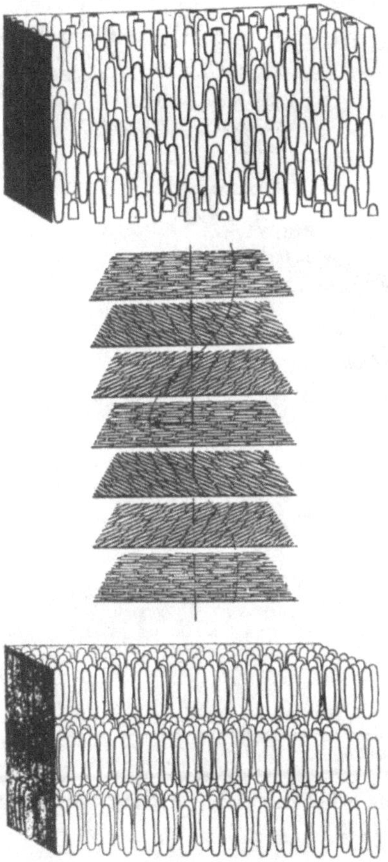

Die Kooperation biopolymerer Organisationen agiert in den Dialektiken von lyo- und thermotropen Mesophasendirektionen. Nach lyotropen Mesophasenspielen deshalb thermotrope Klassifizierungsschemata:
a) das klassische Bild nach F. Rondelez bzw. J. L. Fergason [302].

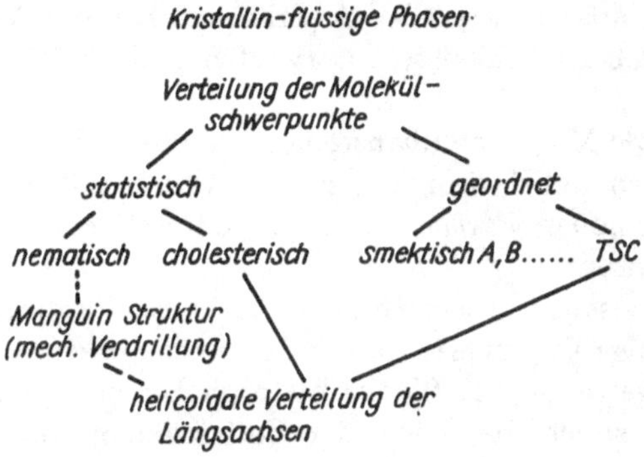

b) eine eher thermodynamisch orientierte Modifizierung nach H. Stegemeyer [306].

stande. Ihre Assoziationen bleiben Muster ohne große Bezüglichkeit, ihre Funktionalität erschöpft sich in der Reproduzierbarkeit der Leere, ihre Ordnung versinkt in den Doktrinen von Symmetrien, ihre den Kristallen abgeschauten Ordnungsstrategien entlassen sie nur formal aus deren beständiger Starre, ihr dynamisches Spiel entkommt nicht den dominierenden Symmetriebeziehungen. Ordnung, die zur Funktionalität werden soll, zu einer sich entwickelnden organisierenden Funktionalität, braucht etwas

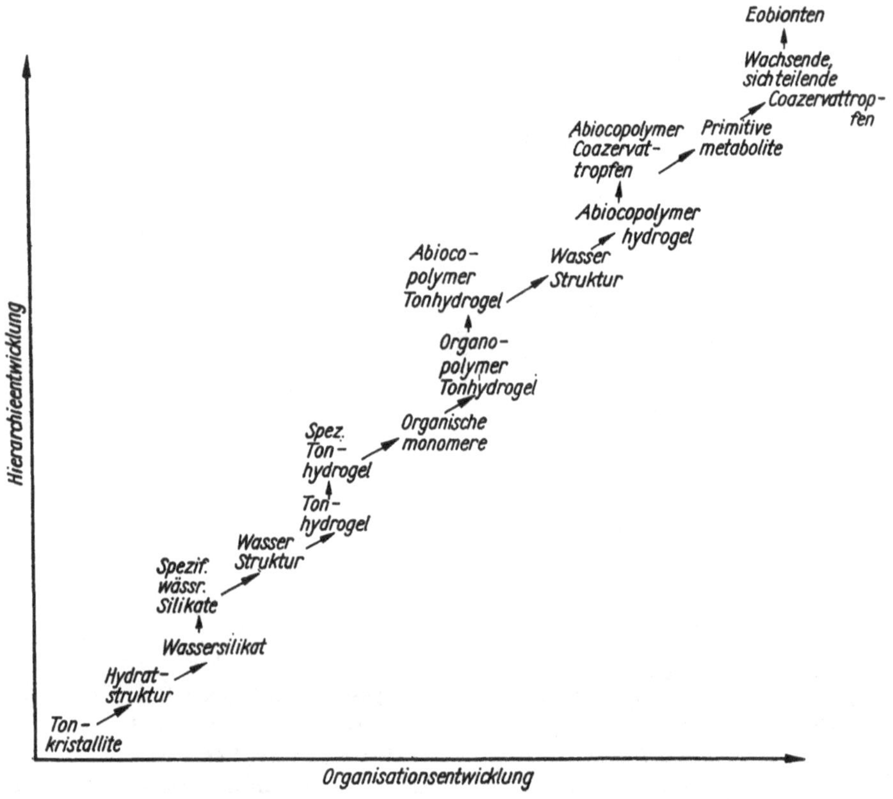

Hypothetisches Schema der Initialschritte der Lebensentstehung auf der Basis spezifischer Ton/Wasser-Wechselwirkungen nach W. Good [173].

anderes, sie erfordert Richtung aus struktureller Asymmetrie heraus. Während Ordnung den einengenden Symmetriebezüglichkeiten unterworfen bleibt, bricht Asymmetrie in eine gerichtete Dynamik aus.

Da gibt es asymmetrische, chirale Monomerenbausteine: Amino- und Hydroxycarbonsäuren sowie Zucker! Aminosäuren und Hydroxysäuren; Strukturen mit einer variantenreichen Gestaltung ihrer hydrophoben Partien an einem bifunktionellen hydrophilen Teil — vermögen sie weiterzuführen?

In ihrer Monomerennatur zumeist zu wasserähnlich, um dem Verdünnungstod zu entgehen, können sie aktionsfähige Oligomeren- und Polymerenstrukturen entwickeln. Peptide, Depsipeptide und Polyester — als Blöcke hydrophober und hydrophiler Bestandteile könnten derartige Systeme die Spiele der Fettsäuren imitieren. Doch sie bieten mehr. Die intramolekulare Variation des Prinzips polar/apolar vermag schon für einzelne Molekülbereiche und erst recht für Molekülverbände das Prinzip hydrophil/hydrophob in gestaltenreiche Dreidimensionalität zu übersetzen. Die bizarren Prägungen ihrer Struktur bilden vielfältige Ansatzpunkte für Erkennungs- und Katalysereaktionen. Doch sie fangen sich in ihren eigenen nahezu unbegrenzt scheinenden Möglichkeiten. Sie können alles und bringen dadurch nur wenig wirklich reproduzierbares zustande. Unter gewissen Bedingungen scheint eine Reproduzierbarkeit der eigenen Individualität zwar möglich, doch zunächst sind diese Voraussetzungen nicht zur Wirkung zu bringen. Die noch weitgehend unorganisierte Wechselwirkung läßt die meisten Strukturen in sinnlose Vernetzungen statischer Fixierungen abgleiten. Der Reichtum der Formen und Individualitäten wird zum größten Hindernis seiner eigenen sinnvollen Nutzung. Dort, wo sie auf die Formationsspiele der fettsäurestrukturierten Membranvorläufer treffen, unterbrechen sie zwar deren Symmetrieoperationen, doch sie vermögen ihnen keine definierte Richtung zu verleihen. Erste Kooperationen zwischen verschiedenen Strukturelementen ersterben zumeist in Sinnlosigkeit. Die Systeme verlieren sich in den unentrinnbaren Irrgärten ihrer noch ungeordneten Omnipotenz.

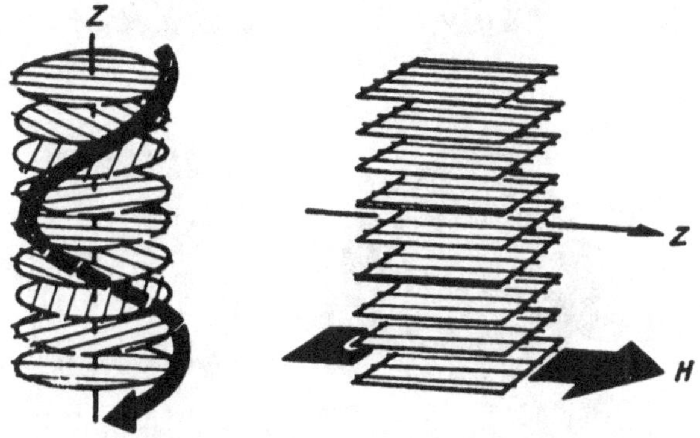

Superstrukturierung von PBLG nach E. T. Samulski u. A. V. Tobolsky [187].
Cholesterinisches Phasenmuster von PBLG (Polybenzyl-L-glutamat).
Umorientierung der cholesterischen Phasen in eine nematische Anordnung mittels eines Magnetfelds H.
Die dicken Striche kennzeichnen die α-Helices der Polypeptidmuster.
(Z = optische Achse)

Was verbleibt, hilft zunächst nicht weiter. Zuckermoleküle teilen mit den Aminosäuren die Möglichkeit, durch Kondensationsreaktionen Makromoleküle zu bilden. Ihre Palette ist nicht so bizarr, bisweilen lassen sich in Höhlen und Nischen ihrer Strukturen nützliche Katalysen durchführen. Längere fixierte Strukturelemente scheinen konstruierbar, doch alle diesbezüglichen Versuche kranken an der zu großen Löslichkeit der Monomeren und Oligomeren und einer zu geringen Variabilität zumeist mit verminderter Löslichkeit einhergehend bei den Polymeren. Nützlich als Vehikel, als Wasserfahrzeug für die verschiedensten Strukturen, geordneter als die Proteine, bleiben sie selbst mehr oder minder passiv und vermögen auch nicht den „Ideenreichtum“ der Proteine in nützliche funktionelle Aktivität umzusetzen.

Doch da bilden sich unter den vielen Versuchskombinationen noch ungewöhnliche Strukturen: phosphorylierte Zuckermoleküle verbinden sich zu Polyesterstrukturen und kompensieren deren extrem große Wasserlöslichkeit durch die glykosidische Bindung von Heterocyclenbausteinen, von denen einzelne ganz neue Möglichkeiten eröffnen. Ihre spezifischen Strukturmuster lassen sich zu wechselseitigen Erkennungsreaktionen heranziehen. Zusammen mit gewissen Aminosäuren entwickeln sich aus der leichten elektronischen Anregbarkeit zufälliger Anhäufungen von Aromatenstrukturen frühe Energieleitungsformen. Nach Studien des Prinzips hydrophil/hydrophob in der Zweidimensionalität der Fettsäureassoziate und in der Dreidimenionalität der Proteine eröffnet die Übersetzung in die Eindimensionalität ein Strukturprinzip, das polar und unpolar am gleichen Molekülstrang, kooperativ und signalgebend, informationsvermittelnd und vollziehend, insgesamt einen besseren Ausgangspunkt sinnvoller Kooperation sein könnte.

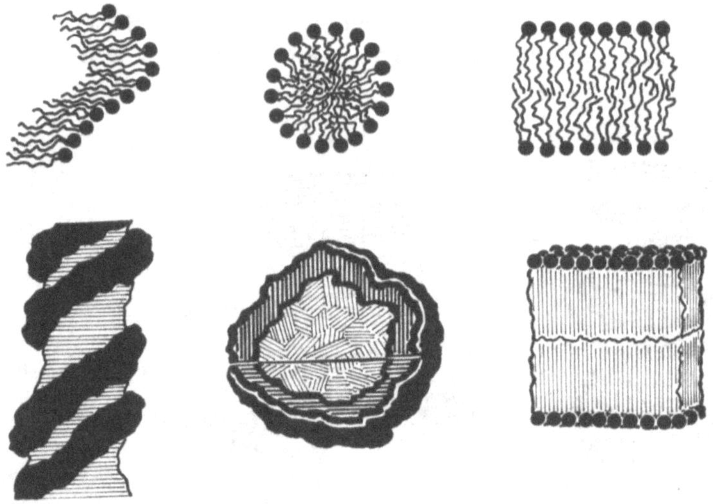

Ein-, zwei- und dreidimensionale Variation des Prinzips „hydrophil-hydrophob". (Nucleinsäuren, Membranen, Proteine)

Und während die drei Strukturelemente ein-, zwei- und dreidimensional nebeneinander, gegeneinander und miteinander das Prinzip „Leben", zunächst als molekulares Überleben durch sinnvolle Organisation des Verhaltens zu verwirklichen versuchen, während bisher ungefragte Fragen der Topologie und Chronologie ihre Antworten suchen, stellt sich mehr und mehr heraus, daß eine entscheidende Voraussetzung bisher nicht oder nur in untergeordnetem Maße gegeben ist: Wohl lassen sich in Nahordnungsbereichen gewisse Ordnungsstrukturen aufbauen, erste Informationsspeicher- und Katalysefunktionen assoziieren und korrelieren. Asymmetrien könnten Richtungen weisen, doch diese Asymmetrien brechen über schon geringe molekulare Entfernungen hinweg zusammen. Unglücklicherweise bedingt der Begriff der Chiralität eine Duplizität der Möglichkeiten. Wohl ist der einzelne Monomerenbestandteil chiral, doch da er sein Dasein im zeitlichen und räumlichen Mittel mit der gleichen Anzahl von Partnermolekülen entgegengesetzter Chiralität teilen muß, sind die entstehenden Makromolekülverbände achiral.

Das Prinzip Asymmetrie und Richtung — über kleine Bereiche hinweg zufällig erreichbar, scheitert am Ausgleich der nivellierender Kompensation wertvoller Domänenaktivitäten innerhalb des Gesamtsystems [192, 193, 312—324].
Im Bausatz der Evolution ist jeweils eine Chiralitätsgattung zu viel. Erst ihre Eliminierung wird die Möglichkeit schaffen, daß Partnermoleküle sich nicht mehr in Wirkungen kompensieren können, wird das krause Chaos geometrischer Sinnlosigkeiten in funktionsträchtige Strukturdynamik übersetzen können, wird katalysierende Oberflächen und spezifische Matrixpassungen erlauben, die — selbst chiral — spezifisch chirale Monomeren acceptieren. Der Weg ist vorgezeichnet. Er muß vom chiralen Monomeren zum chiralen Verband führen.

Wege zu chiralen Systemen

„Vorbestimmung, Zufall, Selektion"?

Wir sind an eine entscheidende Wegetappe der Evolution gelangt. Und alt ist der Streit, wie sie gemeistert wurde. Es gibt eine Fülle von Hypothesen und Theorien, sehr viel weniger schon Fakten und schließlich kaum irgendeine Möglichkeit, zum gegenwärtigen Zeitpunkt eine oder mehrere der Hypothesen voll zu acceptieren oder definitiv auszuschließen [148—156, 192, 193, 277—283, 312—324].
Eine Zusammenschau bisheriger Meditationen zum Thema könnte damit beginnen, das bisher entworfene Hypothesenbild wieder in Frage zu stellen. Waren da gar keine gleichen Anteiligkeiten chiraler Antipodenmoleküle, gibt es schon vorher, bevor noch die Evolution vor dieses Problem gestellt wurde, die Terminierung einer bestimmten Chiralität durch spezifische physikalische Gesetzmäßigkeiten? Gibt es eine absolute „asymmetrische Synthese"?
Da ist zunächst die experimentell bereits abgesicherte These, daß circular polarisiertes Licht im Sinne einer asymmetrischen Synthese oder eines asymmetrischen Abbaus gewisse Konfigurationen bevorzugt. Photochemische Reaktionen sind auf dem Pfad molekularer Evolution ganz sicher nichts ungewöhnliches gewesen, wie wir bereits demonstrierten. Circular polarisiertes Licht andererseits meint man erhalten zu können, wenn partiell linear polarisiertes Himmelslicht unter dem Einfluß erdmagnetischer Felder an der Erdoberfläche reflektiert wird.
Eine Modifizierung dieser Betrachtungsweise geht davon aus, daß die Selektionsneigung cholesterinischer Phasen kristallin-flüssiger Systeme für die beiden circularen Komponenten linear polarisierten Lichtes zu einer beträchtlichen Intensitätssteigerung derart asymmetrisch wirksamer Strahlung geführt haben könnte. Da solche cholesterinische Phasen allgemein von einer ganzen Anzahl potentiell nematischer Systeme eingestellt werden, sofern die phasenbildenden Moleküle entweder selbst chiral sind oder in geringer Anzahl vorhandene chirale Dotierungsstrukturen Medien zu entsprechenden Phasenumklappvorgängen veranlassen können, und speziell auch eine Reihe von Polypeptidstrukturen solchen Phasenbeziehungen zugänglich ist, scheint eine derartige Zusatzvariante als Verstärkungsfaktor oder auch als Ursache für circular polarisierte photochemisch wirksame Strahlung durchaus denkbar. Sie setzt allerdings eine gewisse Präformation einzelner chiraler Strukturen voraus.
Diese Ausgangsposition teilt sie mit einer Reihe anderer Hypothesen, die von einer Art Matrizeneinfluß strukturgebundener optisch aktiver Mineralien auf Adsorbate und deren Reaktionsneigung ausgehen. Ein gewisses Vorzugsinteresse konzentriert

sich dabei auf Quarz, dessen chirale helicale Strukturelemente im Experiment selektive chirale Absorptionen wie auch – z. T. in Kombination mit Metallen – asymmetrische Katalysen zuwege bringen können.
Die zunächst bestechende Idee der stereoselektiven Absorption mit nachfolgender stereoselektiver Polymerisation und Polykondensation – insbesondere als ein Weg zu chiral selektierten Polypeptidsystemen postuliert – ließ sich zumindest für den besonders attraktiven letzten Fall bisher experimentell nicht bestätigen.
Die letzten Hypothesen setzten so etwas wie eine zumindest lokal differenzierte Bildung von chiralen anorganischen Oberflächenelementen als heterogene Katalysatoroberflächen voraus. Die Frage liegt nahe: Ist das gleiche nicht auch für die chiralen organischen Strukturen selbst möglich. Gibt es vernünftige und einleuchtende Wege einer spontanen oder provozierten Racemattrennung?
Die Idee einer spontanen Kristallisation einer Antipodenart hat sich durch die Zeiten der Beschäftigung mit dieser Thematik gehalten, ist jedoch weit entfernt davon, allgemein acceptiert zu werden. Die vorzugsweise Auskristallisation der einen oder anderen Form ist wahrscheinlich an zu enge Konzentrations- und Temperaturparameter gebunden, als daß sich daraus ein großes Konzept entwickeln ließe. Experimente einer provozierten Kristallisation durch Animpfen mit chiralen Materialien haben versucht, den Ansatz etwas weiter zu entwickeln, die Chancen des Prozesses etwas zu vergrößern.
Spezielle Fälle einer stereospezifischen Autokatalyse wurden diskutiert. Danach sollten die beiden enantiomorphen Partner im schnellen Gleichgewicht miteinander stehen und verzögerte Kristallisationstendenz besitzen.
Unter derartigen Bedingungen könnte der erste gebildete Kristall als stereospezifischer Autokatalysator für die Auskristallisation von weiteren Kristallen seiner Gattung wirken.
Schließlich sind chirale Wirtsgitter oder ähnliche Strukturen vorstellbar, die bei der Kristallisation und in möglichen Reaktionen chirale Komponenten zu selektieren vermögen. Bestimmte Helixstrukturelemente von Proteinen und Nucleinsäuren – selbst chiral – könnten gleichfalls eine erfolgreiche Diskriminierung beim Einbau chiraler Monomerenbausteine sowie bei Kooperationen mit potentiell chiralen Monomeren und Polymeren zustande bringen.
Endlich ist hier ein letzter Weg zu diskutieren, der zu unserem Ausgangspunkt der Betrachtungen der asymmetrischen Synthese zurückführt und gleichzeitig eine neue Fragestellung aufwirft.
Während die bisherigen Theorien optische Aktivität im letzten als ein Produkt des Zufalls auffassen, sind Gesetzmäßigkeiten vorstellbar, nach denen das Auftreten selektierter chiraler Strukturen ein deterministisch vorgegebener Prozeß war. Die Idee basiert auf der Entdeckung des Verlustes der Parität bei schwachen Wechselwirkungen. Experimentell konnte gezeigt werden, daß die von einer ^{60}Co-Quelle emittierte β-Strahlung polarisiert ist. In der Bremsstrahlung dieser polarisierten Elektronen wurde eine circular polarisierte γ-Strahlung aufgefunden.
Die Dissymmetrie auf der Stufe der Elementarteilchen könnte ihrerseits die molekulare Ebene dissymmetrisch beeinflußt haben. Erste Experimente, nach denen ^{90}Sr-Bremsstrahlungen selektive D-Tyrosin-„Zersetzungen“ ermöglichen, wurden bisweilen als eine gewisse vorläufige Bestätigung gewertet.
Darüber hinaus wurde jedoch ausgehend vom „Verlust der Parität bei schwachen

Wechselwirkungen“ eine mögliche Dissymmetrie elektromagnetischer molekularer Wechselwirkungen schlechthin postuliert. Unter dieser Annahme durchgerechnete molekulare Wellenfunktionen chiraler Antipodenstrukturen scheinen um einen Faktor $10^{-6}-10^{-7}$ im Energieinhalt zu differieren. Entgegen dem noch herrschenden Dogma, nach dem D- und L-Form nur dadurch unterschieden sind, daß sie — „händig“ — „nicht zur Deckung gebracht“ werden können und als physikalisches Indiz dieser Tatsache die Ebene des polarisierten Lichtes invers zu drehen vermögen, könnte damit ein Verlust der Parität auf chiral-molekularer Ebene die energetische Bevorzugung eines bestimmten Chiralitätsmusters fundieren. Eine Serie hintereinandergeschalteter Reaktionsfolgen sollte durchaus imstande sein, den anfänglich geringfügigen Energieunterschied auszubauen. Die optische Aktivität früher praebiotischer Strukturen erschiene danach als Resultat der „Konzentration“ des ursprünglichen Verlusts der Symmetrie bei elektromagnetischen Wechselwirkungen — erzielt durch hierarchische Folgen chemischer Umsetzungen auf der primitiven Erde.
Mag dies alles ganz oder teilweise richtig oder falsch sein — ein entscheidendes Kriterium zur Lösung des Problems des Entstehens und der fortschreitenden Selektion optischer Aktivität ist in der Evolution selbst zu suchen, in der Vielzahl ihrer erspielten Varianten, in den Weiten, der ihr zur Verfügung stehenden Zeit, im selektiven Druck zur Ausmerzung unerwünschter chiraler Komponenten. Mögen sich durch Zufall oder mit Notwendigkeit, vielleicht auch einfach nach den Gesetzen der Statistik der Vielzahl einige wenige chirale Komponenten auf beschränkten Arealen der präbiotischen Erde zusammengefunden haben — es war die Geburtsstunde der optischen Aktivität und gleichzeitig die letzte Vorbedingung für den Start des Lebensprozesses auf der primitiven Erde. Die ersten frühen Entwicklungsstadien dürften einen konkurrierenden Wettbewerb von D- und L-Formen um die Chance zum Fortleben gesehen haben. Die Geburt eines autokatalytisch verwertbaren, mehr vielleicht noch eines selbstreplizierbaren optischen Antipoden „Adam“ muß den Streit zugunsten der durch ihn vorgegebenen Richtung entschieden haben.
Die Voraussetzung chiraler Strukturen für erste wirksame Replikationssysteme erzwang eine Scheidung der monomeren chiralen Bausteine nach den Erfordernissen ihrer Systemzugehörigkeiten. Das erste chirale System, welches den Startpunkt eines reproduktionsfähigen Replikationscyclus erreichte und ihn ausbauen konnte, wurde dort zufällig in seiner chiralen Ausprägung — notwendig in seiner richtungsgebenden Chiralität schlechthin — zum terminierenden Ausgangssystem des weiteren Lebensprozesses.
Der Weg der Evolution mußte — einmal als unumgängliche Notwendigkeit erkannt — den Weg vom chiralen Monomeren zum chiralen Verband mit Notwendigkeit erzwingen, mag der Prozeß eindeutig und einfach oder vieldeutig, durch eine Vielzahl von Bezüglichkeiten und Abhängigkeiten modifiziert gewesen sein.
Mit dem Beginn des chiralen Ausleseprozesses beginnt so etwas wie der eigentliche Lebensprozeß. Die letzte entscheidende Hürde ist genommen. Der Weg, ein verschlungener von Fehlversuchen gesäumter Pfad langwieriger Mühsal zwar und unermüdlichen Vorwärtstastens, scheint jetzt ohne unüberwindliche Schranken. Die vielen kleinen Divergenzen- und Konvergenzen in Richtung auf die benötigten und gewünschten spezifischen, chemischen und stereoelektronischen Voraussetzungen münden ein in die entscheidende große Konvergenz: Gesucht wird das System, welches — fernab vom thermodynamischen Gleichgewicht, aufbauend auf die bisherigen Errungenschaften — sich selbst erhalten, replizieren und replizierend möglichst optimal verbessern kann.

Das Triumvirat von Protein-, Nucleinsäure und Membran-Strukturen und -Funktionalitäten wird in der Divergenz individuellen Gegen- und Nebeneinanders, im Scheitern artspezifischen „Auslebens" Schlüssel und Ansatz für das große konvergente Miteinander finden, wird in einem Prozeß sich immer stärker einspielender Kooperativität „das System" zusammenbasteln [1—328].
Niemals aber wird das System die Dialektiken, unter denen es entstand, vergessen. Die ehemals so umkämpften fruchtbaren Grenzzonen beginnender Strukturierung und Funktionalisierung, keimenden Informationstransfers zwischen „Wasserliebe und Wasserhaß", die immer feiner nuancierte Palette der Operativfelder in den vektoriellen

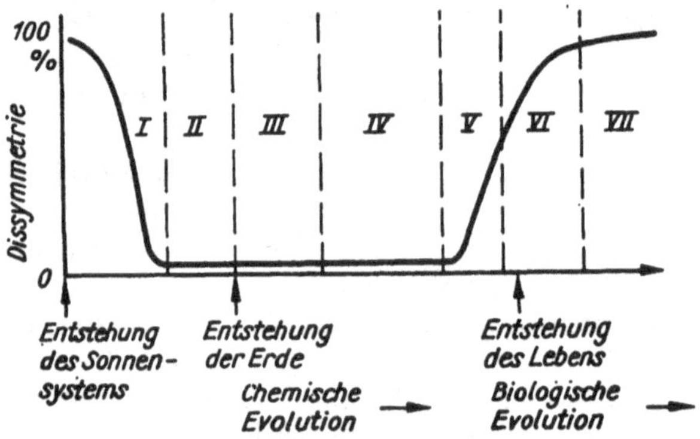

Die Evolution der Chiralität — ein Hypothesebild ausgehend vom Verlust der Parität auf der Stufe der Elementarteilchen über die Trends statistischer Modelle, von einem metastabilen racemischen Status aus durch Reaktionsfolgen spezifischer Autokatalysen einen stabilen optisch aktiven Zustand zu erreichen, nach W. Thiemann [313] das Problem, ein schwaches aber persistierendes Signal durch eine Art evolutionäre Fourieranalyse aus dem „molekularen Rauschen" zu isolieren.

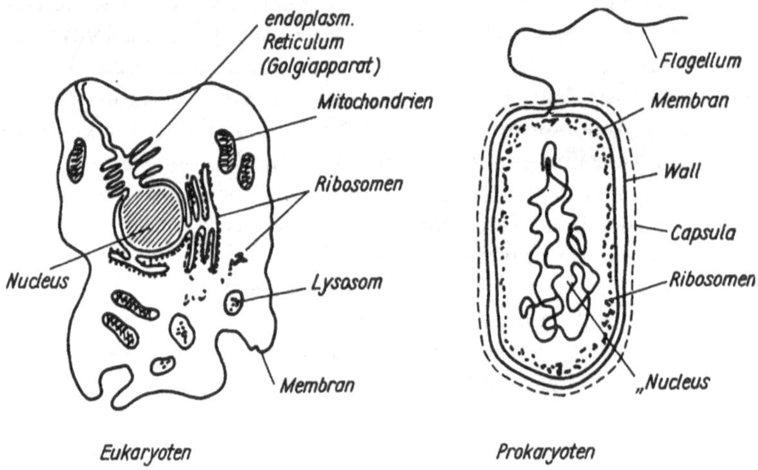

Prokaryoten- und Eukaryotenzelle.
Wichen die Protostrukturen der ersteren dem UV-Selektionsdruck nach Sagan [130] in den Tiefen der Wasserphasen aus, und stellten sich die der letzteren ihm an den evolutionsträchtigen Grenz-Oberflächen?

Spannungsfeldern sich aufdifferenzierender Polaritäten, die milliardenfach erspielten schmalen „Meso“grate der Dynamik über den gähnenden „Extrem“schründen tiefster Statik werden dem Prozeß in seinen schillernd evolvierenden Struktur/Funktions-Feldern bleibende Organisation/Verhaltensnormen aufprägen.
Und noch in der Abiotik des Alls werden seine vorgeschobenen Fronten seine spezifische Individualität offenbaren.

1.4. Literatur*)

[1] Darwin, C., (1859) "On the Origin of Species" John Murray London; Facsimile ed. Harvard Univ. Press 1964

[2] Darwin, C., "The Origin of Species and the Descent of Man" New York. Modern Library 1948

[3] Miescher, F., „Die histochemischen und physiologischen Arbeiten“, V. C. W. Vogel, Leipzig 1897

[4] Oparin, A. I., "Origin of Life", Moskau 1924

[5] Haldane, J. B. S., Proc. Camb. phil. Soc. **23**, 838 (1927)

[6] Haldane, J. B. S., "The Cause of Evolution" Longman, Green and Co. 1932

[7] Oparin, A. I., "The Origin of Life on Earth", New York/Academic Press 1957

[8] Oparin, A. I., "Life: its Nature, Origin and Development", New York/Academic Press 1961

[9] Oparin, A. I., „Das Leben“, Jena 1963

[10] Oparin, A. I., "The Origin of Prebiological Systems and of their Molecular Matrices" (S. W. Fox ed.) New York, Academic Press 1965

[11] Oparin, A. I., in "The Origin and Initial Development of Life", Moscow. Meditsina Publ. House 1966

[12] Oparin, A. I., "Genesis and Evolutionary Development of Life", New York/Academic Press 1968

[13] Schroedinger, E., "What is Life", Cambridge University Press 1944; Deutsche Ausgabe München: Leo Lehmen Verlag 1951

[14] Miller, S. L., Science **117**, 528 (1953)

[15] Avery, O. T., C. M. MacLeod u. M. McCarty, J. exp. Med. **79**, 137 (1944)

[16] Chargaff, E., Experientia **6**, 201 (1950)

[17] Chargaff, E., Experientia **26**, 810 (1970)

[18] Pauling, L., R. B. Corey u. H. R. Branson, Proc. Nat. Acad. Sci. US **37**, 205 (1951)

[19] Pauling, L., u. R. B. Corey, Proc. Nat. Acad. Sci. US **37**, 735 (1951)

[20] Watson, J. D., u. F. H. C. Crick, Nature **177**, 964 (1953)

[21] Watson, J. D., "The Molecular Biology of the Gene" New York. W. A. Benjamin Inc. 1970

[22] Crick, F. H. C., "The Genetic Code" Scientific Amsterdam 1962

[23] Crick, F. H. C., "Of Molecules and Men", Seattle—London: Univ. of Washington Press, 1966

[24] Crick, F. H. C., J. Mol. Biol. **38** 367 (1968)

[25] Crick, F. H. C., Nature **228**, 613 (1970)

[26] Crick, F. H. C., Nature New Biol. **234**, 25 (1971)

[27] Edlin, G. Bioscience **1972**, 77

[28] Schneider-Bernloehr, H., R. Lohrmann, J. Sulston, L. E. Orgel u. H. T. Miles, J. Mol. Biol. **37**, 151 (1968)

[29] Orgel, L. E., Israel. J. Chem. **10**, 287 (1972)

---

*) Literatur bis Anfang 1975 berücksichtigt.

[30] Orgel, L. E., J. Mol. Biol. **38** 381 (1968)
[31] Fox, S. W. (ed.), "The Origin of Prebiological Systems and of their Molecular Matrices", Academic Press New York/London 1965
[32] Stent, G., "The Coming of the Golden Age", Garden City N.Y.: The Natural History Press 1969
[33] Calvin, M., "Chemical Evolution" Oxford: Clarendon Press 1969
[34] "Chemical Evolution and the Origin of Life" (R. Bovet u. C. Ponnamperuma eds.) North Holland Publ. Co. Amsterdam—London 1971
[35] Kaplan, R. W., Naturwiss. **55** 97 (1968)
[36] Kaplan, R. W., Umschau Wiss. Techn. **72** 456 (1972)
[37] Allen, G., "Chemical Evolution under Bion Hypothesis" (A. W. Schwartz ed.) in "Theory and Experiment in Exobiology" Wolters-Noordhoff Groningen, Vol. II, 1972
[38] Woese, C. R., "The Genetic Code", Harper and Row, New York 1967
[39] Woese, C. R., Proc. Nat. Acad. Sci. US **59**, 110 (1968)
[40] Woese, C. R., Bioscience **20**, 471 (1970)
[41] Woese, C. R., Naturwiss. **60**, 447 (1973)
[42] Jacob, F., u. J. Monod, J. Mol. Biol. **3**, 318 (1961)
[43] Monod, J., u. F. Jacob, Cold Spring Harbor Symp. Quant. Biol. **26**, 1961
[44] Monod, J., J. Wyman u. J. P. Changeux, J. Mol. Biol. **12**, 88 (1965)
[45] Monod, J., «Le Hasard et la Nécessité», Paris, Seuil 1970
[46] Monod, J., „Zufall und Notwendigkeit", Piper München 1971
[47] Eigen, M., Vorwort in J. Monod: „Zufall und Notwendigkeit", Piper, München 1971
[48] Fuchs-Kittowski, K., S. M. Rapoport, H.-A. Rosenthal u. G. Wintgen, Deutsche Z. Phil. **20**, 418 (1972)
[49] Engels, F., „Dialektik der Natur", in K. Marx/F. Engels Bd. **20**, Berlin 1962
[50] Engels, F., „Anti-Dühring", Dietz Berlin 1965
[51] Treder, H.-J., Wiss. Fortschr. **21**, 201 (1971)
[52] Hegel, G. W. F., „Enzyklopädie der philosophischen Wissenschaften", Leipzig 1920
[53] Spinoza, B., „Ethik", Leipzig 1922
[54] Lenin, W. I., „Materialismus und Empiriokritizismus", in „W. I. Lenin", Bd. **14**, Berlin 1962
[55] Fuchs-Kittowski, K., „Probleme des Determinismus und der Kybernetik in der molekularen Biologie", Jena 1969
[56] Ley, H., „Zu den Kategorien Zufall und Determinierung in der modernen Genetik", Wiss. Z. der Humboldt-Univ. Heft 4/5 (1966)
[57] Ley, H., „Monod und die Kategorien", Deutsche Z. Phil. **20**, 681 (1972)
[58] Fuchs-Kittowski, K., „Information, ihre Speicherung und Verarbeitung" in molekularen Systemen in: „Philosophische und ethische Probleme der modernen Genetik", Akademie-Verlag Berlin 1972
[59] von Weizsäcker, C. F., „Die Einheit der Natur", Wiss. Welt **5**, 15 (1966) München 1971 sowie
von Weizsäcker, C. F., „Die philosophische Interpretation der modernen Physik", Nova Acta Leopoldina **207**, 37/2 Leipzig. Joh. Ambr. Barth 1972
[60] Fox, S. W., Science **132**, 200 (1960) sowie Naturwissenschaften **56**, 1 (1969)
[61] Fox, S. W., u. K. Dose, "Molecular Evolution and the Origin of Life", San Francisco, Freeman 1972
[62] Fox, S. W., Naturwiss. **60**, 359 (1973)
[63] Jungck, J. R., u. S. W. Fox, Naturwiss. **60**, 425 (1973)
[64] Lipmann, F., in "The Origin of Prebiological Systems and of their Molecular Matrices". New York, Academic Press 1965
[65] Lipmann, F., in "O. Meyerhoff-Symposium", July 1970, Heidelberg

[66] Lipmann, F., in "Molecular Evolution: Prebiological and Biological" (D. L. Rohlfing u. A. I. Oparin ed.). New York, Plenum Press 1972
[67] Schramm, G., H. Grötsch u. W. Pollmann, Angew. Chem. **74**, 53 (1962)
[68] Schramm, G., in "The Origin of Prebiological Systems" (S. W. Fox, ed.). New York, Academic Press 1965
[69] Usher, D. A., Nature Biol. **235**, 207 (1972)
[70] Neumann, J. v., „Zur Theorie der Gesellschaftsspiele", Math. Ann. **100**, 295 (1928)
[71] Neumann, J. v., u. O. Morgenstern, "Theory of Games and Economic Behavior", Princeton Univ. Press 1953
[72] Neumann, J. v., "Theory of Self-reproducing Automata", Urbana, Univ. Illinois Press 1966
[73] de Groot, S. R., "Thermodynamic of Irreversible Processes", Amsterdam, North Holland Publ. Co. 1952
[74] Doob, J. L., "Stochastic Processes", New York J. Wiley 1953
[75] McQuarrie, D. A., "Stochastical Approach to Chemical Kinetics", London, Methuen 1967
[76] Wiener, N., „Kybernetik", Düsseldorf—Wien, Econ Verlag 1963
[77] Brillouin, L., "Science and Information Theory", New York, Academic Press 1963
[78] Shannon, C. E., Bell System, Techn. J. **30**, 50 (1951)
[79] Shannon, C. E., u. W. Weawer, "The Mathematical Theory of Communication", Urbana, Univ. of Illinois Press 1949
[80] Onsager, L., Phys. Rev. **37**, 405 (1931); **38**, 2265 (1931)
[81] Prigogine, I., «Etude Thermodynamique des Processes Irréversibles», Liège, Desoer 1947
[82] Prigogine, I., in "Theoretical Physics and Biology" (M. Marois ed.), Amsterdam, North Holland Publ. Co. 1969
[83] Glansdorff, P., u. I. Prigogine, "Thermodynamic Theory of Structure, Stability and, Fluctuations", New York, Wiley Interscience 1971
[84] Babloyantz, A., Biopolymers **11**, 2349 (1972)
[85] Johnson, M. A., Science **168**, 1545 (1970)
[86] Segel, L. A., J. theor. Biol., **37**, 545 (1972)
[87] Brostow, W., Science **178**, 123 (1972)
[88] Steinbuch, K., Naturwiss. **58**, 210 (1971)
[89] Eigen, M., in: «Les Prix Nobel», Stockholm 1969
[90] Eigen, M., Umschau Wiss. Techn. **70**, 777 (1970)
[91] Eigen, M., Naturwiss. **58**, 465 (1971)
[92] Schuster, P., Chem. i. u. Zeit, **6**, 1 (1972)
[93] Eigen, M., Umschau Wiss. Techn., **73**, 420 (1973)
[94] Spiegelman, S., in "The Neuroscience", New York: The Rockefeller Univ. Press. 1970
[95] Mills, D. R., F. R. Kramer u. S. Spiegelman, Science **180**, 916 (1973)
[96] Kuhn, H., Angew. Chem., **84**, 838 (1972)
[97] Försterling, H. D., H. Kuhn u. K. M. Tews, Angew. Chem. **84**, 862 (1972)
[98] Drischel, H., Biol Rdsch., **10**, 137 (1972)
[99] Kompaneyez, A., „Das Prinzip der Unbestimmtheit", Verlag Snanije Moskau 1966
[100] Pribam, K., „Physiologie der Erinnerung", Scientific American **220** (1969)
[101] Kompaneyez, A., „Ideen des exakten Wissens" **7**, 431 (1972)
[102] Eccles, J. C., Naturwiss. **60**, 167 (1973)
[103] Smith, C. U. M., "The Brain, towards an Understanding" Faber and Faber, London 1970
[104] Sanides, F., Proc. 3rd Int. Congr. Primat. **1**, 92 (1970), Zürich
[105] Biochemische und klinische Problematik der Molekular-Genetik (R. Zaunick Ed.). Nova Acta Leopoldina **165/26**, Joh. Ambr., Barth Leipzig 1963
[106] „Biologische Modelle" (J.-H. Scharf u. G. Bruns, eds.). Nova Actá Leopoldina **184/33**, Joh. Ambr. Barth, Leipzig 1968

[107] „Struktur und Funktion“ (J.-H. Scharf, ed.). Nova Acta Leopoldina **194/35**, Joh. Ambr. Barth, Leipzig 1970
[108] Scharf, J.-H., Naturwiss. Rdsch. **25**, 251 (1972)
[109] „Informatik“ (J.-H. Scharf, ed.). Nova Acta Leopoldina **206/37—1**, Joh. Ambr. Barth, Leipzig 1972
[110] „Evolution“ (J.-H. Scharf, ed.). Nova Acta Leopoldina **218/39—1** (1973), Joh. Ambr. Barth, Leipzig, Symposiumsband, Halle 1973, im Druck
[111] Paecht-Horowitz, M., J. Berger u. A. Katchalsky, Nature **228**, 636 (1970)
[112] Oster, G., A. Perelson u. A. Katchalsky, Nature **234**, 393 (1971)
[113] Neumann, E., u. A. Katchalsky, Proc. Nat. Acad. Sci. US **69**, 993 (1972)
[114] Paecht-Horowitz, M., Angew. Chem., **85**, 422 (1973)
[115] Katchalsky, A., Naturwiss. **60**, 215 (1973)
[116] Neumann, E., Angew. Chem. **85**, 430 (1973)
[117] Ungar, G., Naturwiss. **59**, 85 (1972)
[118] Ungar, G., Naturwiss. **60**, 307 (1973)
[119] Mikhaltsev, I. E., J. theor. Biol. **37**, 587 (1972)
[120] Elsässer, H., Bild. d. Wiss. **1973**, 756
[121] Ponnamperuma, C., C. Sagan u. R. Mariner, Nature **199**, 222 (1963)
[122] Ponnamperuma, C., u. N. W. Gabel, Space Life Sci. **1**, 64 (1968)
[123] Dose, K., in “Theory and Experiment in Exobiology” (A. Schwartz, ed.). Groningen: Wolters Noordhoff 1971
[124] Rein, R., S. Nir u. M. N. Stamatiadou, J. theor. Biol. **33**, 309 (1971)
[125] Oró, J., Space Life Sci. **3**, 507 (1972)
[126] Aller, L. M., “The Abundance of Elements”, Interscience, New York 1961
[127] Burbridge, E. H., G. R. Burbridge, W. A. Fowler and F. Hoyle, Rev. Modern Phys. **29**, 552 (1957)
[128] Merrill, P. W., “Space Chemistry” Univ. of Michigan Press, Ann Arbor/Mich. 1963
[129] Lotz, R. G. A., Umschau Wiss. Techn. **72**, 154 (1972)
[130] Sagan, C., Nature **238**, 77 (1972)
[131] Sagan, C., J. theor. Biol. **39**, 195 (1973)
[132] Dieminger, W., „Kenntnis vom erdnahen Raum im Wandel eines Jahrhunderts“, **199/36**, Joh. Ambr. Barth, Leipzig 1971, Nova Acta Leopoldina
[133] Dose, K., u. L. Zaki, in: “The Origin of Life” (R. Buvet u. C. Ponnamperuma, eds.). North Holland Publ. Co., Amsterdam 1972
[134] Hofmann, U., Angew. Chem. **80**, 736 (1968)
[135] Thiessen, P. A., H.-P. Hennig u. G. Heinicke, Wiss. u. Fortschr. **21**, 205 (1971)
[136] Albrecht, P., u. G. Ourisson, Angew. Chem. **83**, 221 (1971)
[137] Burton, F. G., M. W. Neumann u. W. F. Neuman, Currents Mod. Biol. **3**, 20 (1969)
[138] Lemmon, R. M., Chem. Rev. **70**, 95 (1970)
[139] Jollès, P., Chimia **25**, 1 (1971)
[140] Rabinowitz, J., Chimia **25**, 54 (1971)
[141] Rabinowitz, J., Chimia **26**, 350 (1972)
[142] Mueller, G., Nature **235**, 90 (1972)
[143] Pflug, H. D., W. Meinel, K. H. Neumann u. M. Meinel, Naturwiss. **56**, 10 (1969)
[144] Pflug, H. D., Umschau Wiss. Techn. **71**, 619 (1971)
[145] Albrecht, P., u. G. Ourisson, Angew. Chem. **83**, 221 (1971)
[146] Wolman, Y., W. J. Haverland u. S. L. Miller, Proc. Nat. Acad. Sci. US **69**, 809 (1972)
[147] Bach, W.-D., Naturwiss. Rdsch. **24**, 299 (1971)
[148] Harada, K., Naturwiss., **57**, 114 (1970)
[149] Atkins, P. W., Chem. in Britain **7**, 244 (1971)
[150] Mörtberg, L., Nature, **232**, 105 (1971)

[151] Barron, L. D., Nature, 238, 17 (1972)
[152] Segal, H. L., FEBS Letters 20, 255 (1972)
[153] Seelig, F. F., J. theor. Biol. 34, 197 (1972)
[154] Abernethy, J. L., J. Chem. Ed. 49, 455 (1972)
[155] Elias, W. E., J. Chem. Ed. 49, 448 (1972)
[156] Ageno, M., J. theor. Biol. 37, 187 (1972)
[157] Winter, J. H., Angew. Chem. 78, 887 (1966)
[158] Kern, W., u. H. Kämmerer, Chem. Ztg. 91, 73 (1967)
[159] Lorkowski, H.-J., Wiss. u. Fortschr. 12, 548 (1968)
[160] Lorkowski, H.-J., Wiss. u. Fortschr. 1969, 17
[161] Kämmerer, H., Chem. Ztg. 96, 7 (1972)
[162] Schlenk, W., jr., Chem. i. u. Zeit 1969, 121
[163] Gawalek, G., „Einschlußverbindungen", Deutscher Verlag der Wiss., Berlin 1969
[164] Yamada, Y., D. Miljkovic, P. Wehrli, B. Golding, P. Löliger, R. Keese, K. Müller u. A. Eschenmoser, Angew. Chem. 81, 301 (1969)
[165] Henrici-Olivé, G., u. S. Olivé, Adv. in Polymer Sci. 6, (4) (1969)
[166] Marty, W., u. G. Schwarzenbach, Chimia 24, 431 (1970)
[167] Lindoy, L. F., Quart. Rev. Chem. Soc. 1971, 379
[168] Turner, S., Chem. in Britain 7, 191 (1971)
[169] Pracejus, H., Mitteilungsbl. Chem. Ges. DDR 4, 97(1972)
[170] Houghton, R. P., Chem. Ind. 1973, 155
[171] Kamb, B., Science 172, 231 (1971)
[172] Schuller, D., Naturwiss. 60, 145 (1973)
[173] Good, W., J. theor. Biol. 39, 249 (1973)
[174] Hosemann, R., Chem. Ing. Techn. 42, 1252 (1970)
[175] Hosemann, R., Chem. Ing. Techn. 42, 1325 (1970)
[176] Hosemann, R., Endeavour 32, 99 (1973)
[177] Serebrovskaya, K. B., in: "Chemical Evolution and the Origin of Life" (R. Bovet u. C. Ponnameruma, eds.). North Holland, Publ. Co., 1971 Amsterdam
[178] Ambrose, E. J., Symposium Faraday Soc. 1971, 175
[179] Winsor, P. A., Chem. Rev. 68, 2 (1968)
[180] Gray, G. W., "Molecular Structure and the Properties of Liquid Crystals", London Academic Press 1962
[181] Brown, G. H., u. W. G. Shaw, Chem. Rev. 57, 1049 (1957)
[182] Liquid Crystals I (G. H. Brown, G. J. Dienes u. M. M. Labes, eds.), New York, Gordon and Breach 1967, II (G. H. Brown, ed.), New York, Gordon and Breach 1969
[183] Brown, G. H., American Scientist 60, 64 (1972)
[184] Ellioth, G., Chem. in Britain, 9, 213 (1973)
[185] Stegemeyer, H., u. K.-J. Mainusch, Naturwiss., 58, 599 (1971)
[186] Böttcher, B., Chem. Ztg., Chem. Techn. 1, 195 (1972)
[187] Samulski, E. T., u. A. V. Tobolsky, Biopolymers 10, 1013 (1971)
[188] Sackmann, H., u. D. Demus, Fortschr. Chem. Forsch. 12, 349 (1969)
[189] Demus, D., Wiss. u. Fortschr. 23, 195 (1973)
[190] Kuschel, F. u. D. Demus, Wiss. u. Fortschr. 23, 273 (1973)
[191] Eckert, T., u. W. R. Cramer, Pharm. i. u. Z. 1, 117 (1972)
[192] Engström, A., u. B. Standberg, eds., "Symmetry and Function of Biological Systems at the Macromolecular Level", Interscience (Wiley), New York 1969
[193] Atkinson, D. E., Science 168, 723 (1970)
[194] Kemeny, G., J. theor. Biol. 40, 107 (1973)
[195] Kemeny, G., u. B. Rosenberg, J. Chem. Phys. 53, 3549 (1970)
[196] Volkenstein, M. V., J. theor. Biol. 34, 193 (1972)

[197] SCHULZE, G. E. W., Wiss. Z. Univ. Halle **1970**, 57
[198] FORTH, E., u. E. SCHEWITZER, Biol. Rdsch., **10**, 154 (1972)
[199] BRACK, A., M. LENG u. C. SADRON, "Short Survey of some Polymerization Processes on Matrices", Conference Proceedings 2nd IUPAC, Disc. Conference "Macromolecular Matrices and Carriers of Biological Functions", Prag 1972
[200] HOFFMANN, S., u. W. WITKOWSKI, „Nucleinsäure-Stranganaloge" RGW-Symposium: „Wirkungsmechanismen von Herbiziden und synthetischen Wachstumsregulatoren", Halle 1972 im Druck
[201] HOFFMANN, S., u. W. WITKOWSKI, „Geometrische Basenpaaranaloge" RGW-Symposium: „Wirkungsmechanismen von Herbiziden und synthetischen Wachstumsregulatoren", Halle 1972 im Druck
[202] HOFFMANN, S., u. W. WITKOWSKI, "Possible Matrix Role of Base stacking in Stereopolymerization", Conference Proceedings 2nd IUPAC/B Disc. Conference "Macromoleculare Matrices and Carriers of Biological Functions", Prag 1972
[203] SADRON, C., u. B. GALLOT, Makromol. Chem. **164**, 301 (1973)
[204] BRESLOW, R., "Biomimetic Chemistry" Chem. Soc. Rev. **1**, 553 (1972)
[205] CONRAD, M., Currents Mod. Biol. **3**, 260 (1970); **5**, 1 (1972)
[206] RYAN, J. P. F. J., J. theor. Biol. **36**, 139 (1972)
[207] BLOOMFIELD, V. A., J. Chem. Ed. **49**, 462 (1972)
[208] RÖSSLER, O. E., Z. Naturforschg. **26b**, 741 (1971)
[209] DEGN, H., J. Chem. Ed. **49**, 302 (1972)
[210] BETZ, A., u. L. v. KLITZING, J. interdiscipl. Cycle Res., **2**, 111 (1971)
[211] MUSCHIK, W., Umschau Wiss. Techn. **73**, 203 (1973)
[212] DARLINGTON, P. J., jr., Proc. Nat. Acad. Sci. US **69**, 1239 (1973)
[213] PERUTZ, M. F., "Proteins and Nucleic Acids", Elsevier, Amsterdam—London—New York 1962
[214] „Molekularbiologie" (TH. WIELAND u. G. PFLEIDERER, eds.), Frankfurt, Umschau Verlag 1969
[215] TRÄGER, L., „Einführung in die Molekularbiologie", Fischer Verlag Jena 1969
[216] MAHLER, H. R., u. E. H. CORDES, "Biological Chemistry", Harper & Row New York 1971
[217] WOLD, F., "Macromolecules: Structure and Function", Prentice-Hall Inc. Englewood, Cliffs/New Jersey 1971
[218] PARTHIER, B., u. R. WOLLGIEHN, „Von der Zelle zum Molekül", Geest & Portig KG, Leipzig 1971
[219] HOFMANN, E., „Dynamische Biochemie", WTB Akademie-Verlag, Berlin 1972
[220] „Desoxyribonucleinsäure — Schlüssel des Lebens" (E. GEISSLER, ed.). Akademie-Verlag, Berlin 1972
[221] „Molekularbiologie" (E. GEISSLER, ed.). VEB Bibliograph. Inst. Leipzig 1972
[222] „Molekulare Biologie der Zelle" (H. BIELKA, Ed.), Fischer Verlag, Jena 1973
[223] MOHR, H., u. P. SITTE, „Molekulare Grundlagen der Entwicklung", Akademie-Verlag, Berlin 1972
[224] REINBOTHE, H., „Molekül—Mikrobe—Mensch", Urania, Berlin 1973
[225] DICKERSON, R. E., u. I. GEIS, „Struktur und Funktion der Proteine", Verlag Chemie, Weinheim 1971
[226] FASOLD, H., „Die Struktur der Proteine", CTB Verlag Chemie, Weinheim 1972
[227] STRAUB, F. B., „Enzyme, Moleküle, Lebenserscheinungen", Akad. Verlagsgesellsch., Leipzig 1972
[228] JAKUBKE, H.-D., u. H. JESCHKEIT, „Aminosäuren, Peptide, Proteine", Akademie-Verlag, Berlin 1973
[229] STAHL, F. W., „Mechanismen der Vererbung", Fischer Verlag, Jena 1969

[230] Hartmann, P. E., u. S. R. Suskind, „Die Wirkungsweise der Gene", Fischer Verlag, Jena 1972
[231] Mc Lachlan, A. D., Annu. Rev. Phys. Chem. **22**, 167 (1972)
[232] Margoliash, E., "Functional Evolution of Cytochrome c", Harvey Lectures **66**, 177 (1972), Academic Press, New York—London
[233] Lipscomb, W. N., Chem. Soc. Rev. **11**, 319 (1971)
[234] Storm, D. R., u. D. E. Koshland jr., Proc. Nat. Acad. Sci. US **66**, 445 (1970)
[235] Wetlaufer, D. B., u. S. Ristow, Annu. Rev. Biochem. **42**, 135 (1973)
[236] Dörfler, H.-D., Biol. Rundsch. **11**, 1 (1973)
[237] Rothman, J. E., J. theor. Biol. **38**, 1 (1973)
[238] Kreutz, W., Angew. Chem. **84**, 597 (1972)
[239] Rees, P. A., Chem. and Ind. **1972**, 630
[240] Nagyvary, J., u. R. G. Provenzale, Umschau Wiss. Techn. **1971**, 395
[241] Nirenberg, M., Angew. Chem. **81**, 1017 (1969)
[242] Bram, S., u. P. Tougard, Nature New Biol. **239**, 128 (1972)
[243] Blackburn, G. M., Annu. Rep. Chem. Soc. **1970**, 489
[244] Cantor, C. R., u. L. Katz, Annu. Rev. Phys. Chem. **22**, 25 (1971)
[245] Walker, R. T., Annu. Reports Chem. Soc. **68**, 419 (1971)
[246] Kim, S. H., G. J. Quigley, F. L. Suddath, A. Mc Pherson, D. Sueden, J. J. Kim, J. Weinzierl u. A. Rich, Science **179**, 285 (1973)
[247] The Story of Poly (A), Nature New Biol. **235**, (5) (1972) editorial
[248] Arnott, S., u. P. J. Bond, Science **181**, 68 (1973)
[249] Arnott, S., u. P. J. Bond, Nature New Biol. **244**, 99 (1973)
[250] Rich, A., "The Chemical Basis of Heredity" (W. Mc Elroy u. B. Glass, eds.), Baltimore, Johns Hopkins Press 1969
[251] Scherrer, K., G. Spohr, N. Granboulan, C. Morel, J. Grosclaude u. C. Chezzi, Cold Spring Harbor Symp. Quant. Biol. **25**, 539 (1970)
[252] Haurowitz, F., Nova Acta Leopoldina, **202/36**, 23 (1971)
[253] Huang, P. C., Progr. Biophys. Mol. Biol. **23**, 105 (1971)
[254] Felix, G., Naturwiss. Rdsch. **24**, 369 (1971)
[255] „Informationsgesteuerte Synthese", Karl-August-Forster-Lectures 1—5 (1971), Akademie d. Wiss. u. Literatur, Mainz
[256] Ochoa, S., Naturwiss. Rdsch. **26**, 1 (1973)
[257] Britten, R. J., u. E. H. Davidson, Science **165**, 349 (1969)
[258] Sobell, H. M., "Genetic Organisation", New York, Academic Press 1969
[259] Gallo, R. C., Nature **234**, 194 (1971)
[260] Culliton, B. J., Science **177**, 44 (1972)
[261] Strehler, B., G. Hirsch, D. Gusseck, R. Johnson u. M. Bick, J. theor. Biol. **33**, 429 (1971)
[262] Price, C. C., Perspect. in Biol. and Med. **14**, 396 (1971), University of Chicago
[263] Pritz, W. F., Currents Mod. Biol. **5**, 66 (1973)
[264] Schlögl, R., Umschau Wiss. Techn. **71**, 470 (1971)
[265] Hagemann, R., Biol. Rdsch. **10**, 81 (1972)
[266] Margulis, L., "Origin of Eukaryotic Cells" Yale Univ. Press 1970
[267] Schwemmler, W., Naturwiss. **58**, 60 (1971)
[268] Gerisch, G., Naturwiss. **58**, 430 (1971)
[269] Hess, D., Naturwiss. **59**, 348 (1972)
[270] Schmid, R., Naturwiss. Rdsch. **25**, 188 (1972)
[271] Strehler, B. L., Naturwiss. **56**, 57 (1969)
[272] Schurz, J., Naturwiss. Rdsch. **25**, 45 (1972)
[273] Jürgens, U., Umschau Wiss. Techn. **71**, 799 (1971)

[274] Imboden, D. M., u. W. Stumm, Chimia **27**, 155 (1973)
[275] Kreeb, K.-H., Umschau Wiss. Techn. **72**, 681 (1972)
[276] Kreeb, K.-H., Bild d. Wiss. **1973**, 750
[277] Dirac, P. A. M., Naturwissenschaften **60**, 529 (1973)
[278] Unsöld, A., Naturwiss. Rdsch. **28**, 3 (1975)
[279] Sagan, C., Origins of Life **5**, 497 (1974)
[280] Henin, F., u. I. Prigogine, Proc. Nat. Acad. Sci. US **71**, 2618 (1974)
[281] Schidlowski, M., R. Eichmann u. Ch. E. Junge, Umschau Wiss. Techn. **74**, 703 (1974)
[282] Breuer, H. D., Angew. Chem. **86**, 401 (1974)
[283] Nicolis, G., u. J. F. G. Auchmuty, Proc. Nat. Acad. Sci. US **71**, 2748 (1974)
[284] Golanskiy, V. I., Wiss. Fortschr. **25**, 208 (1975)
[285] Calvin, M., Science **184**, 375 (1974) sowie American Scientist **63**, 169 (1975)
[286] Wald, G., Origins of Life **5**, 7 (1974)
[287] Lohrmann, R., u. L. E. Orgel, Nature **244**, 418 (1973)
[288] Simon, Z., Angew. Chem. **86**, 802 (1974)
[289] Saenger, W., Umschau Wiss. Techn. **74**, 635 (1974)
[290] Paecht-Horowitz, M., Israel J. Chem. **11**, 369 (1973)
[291] Burton, F. G., R. Lohrmann u. L. E. Orgel, J. Mol. Evolution **3**, 141 (1974)
[292] Karmas, E., J. Food Sci. **38**, 736 (1973)
[293] Lumry, R., J. Food Sci. **38**, 744 (1973)
[294] Sadron, C., Conference Proceedings 2nd IUPAC/B Disc. Conf., "Macromolecular Matrices and Carriers of Biological Functions", Praha 1972
[295] Sadron, C., A. Brack u. G. Spach, Chimia **28**, 485 (1974)
[296] Tute, M. S., Chem. & Ind. **1975**, 100
[297] Singer, S. J., "Molecular Organizations of Biological Membranes" in "Structure and Function of Biological Membranes", Academic Press, New York 1971, 145
[298] Kelker, H., u. R. Hatz, Ber. Bunsenges. physik. Chem. **78**, 819 (1974)
[299] Demus, D., Z. Chem. **15**, 1 (1975)
[300] Schubert, H., Wiss. Z. Univ., Halle **19**, 1 (1970)
[301] Demus, D., u. F. Kuschel, Mitteilungsbl. Chem. Ges. d. DDR **22**, 144 (1975)
[302] Rondelez, F., Philips Res. Rep. Suppl. **1974** (2), 1
[303] DeVries, A., J. Chem. Phys., **61**, 2367 (1974)
[304] DeVries, A., J. Phys.-Letters **35**, L-139 (1974)
[305] DeVries, A., Mol. Cryst. Liquid Cryst. **24**, 337 (1973)
[306] Stegemeyer, H., Ber. Bunsenges. physik. Chem. **78**, 860 (1974)
[307] Hoffmann, S., W. Brandt u. H. Schubert, Z. Chem. **15**, 59 (1975)
[308] Hoffmann, S., u. W. Brandt, Z. Chem. **15**, (8) (1975)
[309] Meier, G., Ber. Bunsenges. physik. Chem. **78**, 905 (1974)
[310] Orgel, L. E., u. R. Lohrmann, Accounts Chem. Res. **7**, 368 (1974)
[311] Saxinger, C., u. C. Ponnamperuma, Origins of Life **5**, 189 (1974)
[312] Mathieu, J., u. A. Rassat, Tetrahedron **30**, 1753 (1974)
[313] Thiemann, W., Naturwissenschaften **61**, 476 (1974)
[314] Vester, F., Bild d. Wiss. **1974**, 68
[315] Mead, C. A., Topics in Current Chem. **49**, 1 (1974)
[316] Decker, P., Angew. Chem. Nachr. Chem. Techn. **23**, 165 (1975)
[317] Frank, F. C., Biochim. Biopyhs. Acta **11**, 459 (1953)
[318] Seelig, F. F., J. theor. Biol. **31**, 355 (1971)
[319] Decker, P., Nature New Biol. **241**, 72 (1973)
[320] Decker, P., J. Mol. Evolution **2**, 137 (1973)
[321] Garay, A. S., L. Keszthelyi, I. Demeter u. P. Hrasko, Nature **250** (1974) 332
[322] Garay, A. S., Life Sci. **10**, 1393 (1971)

[323] Scott, J. W., u. D. Valentine, Science **184**, 943 (1974)
[324] Gericke, P., Naturwissenschaften **62**, 38 (1975)
[325] Dayhoff, M. O., P. J. McLaughlin, W. C. Barker, u. L. T. Hund, "Informational Biopolymer Structures in Early Living Forms" in "Molecular Evolution" (D. L. Rohlfing u. A. I. Oparin, eds.), Plenum Publ. Corp., New York 1974
[326] Usher, D. A., Nature New Biol. **235**, 207 (1972)
[327] Flory, P. J., "Polymerization in Biological Systems", Ciba Foundation Symp. 7, Elsevier, Amsterdam 1972
[328] Metzner, H., Naturwissenschaften **60**, 507 (1973)

2. DIE DREI KANONISCHEN STRUKTUREN – PROTEINE, NUCLEINSÄUREN, MEMBRANEN

Die bisher versuchte Nachbeschreibung eines molekularen Chaos kann — den Wiedergabemöglichkeiten eines solchen Vorgangs angemessen — nie ganz richtig, aber auch nie ganz falsch sein. Was jetzt jedoch folgt, ist ein entscheidender Wegabschnitt diffiziler Zuordnungen, eines wechselseitigen molekularen Aufeinandereinstimmens.
Wir wissen heute mehr als jene ersten primitiven Systeme an ihren Anfängen. Wir kennen die gegenwärtigen Markierungen ihres langen Prozesses zumindest in sehr groben Zügen. Es mag deshalb nützlich sein, ein wenig ihre heutige Strukturierung und die daraus abgeleitete Funktionalität ins Gedächtnis zurückzurufen, für den Versuch, jene ersten Etappen des Lebensprozesses durch eine Rück- und Hineinprojektion des heute Erreichten ein wenig aufzuhellen, vielleicht ein wenig transparenter und durchschaubarer zu machen [1—67] (vgl. hierzu auch Teile II—IV).

2.1. Das „Zentrale Dogma“

„DNA-RNA-Protein“ hing als „Wegweiser“ über einem Cambridger Schreibtisch, Suchmotiv für einen der vielen, die sich noch vor wenigen zurückliegenden Jahren mit den allerersten Einblicken in die Strukturen der Bioorganismen auf molekularer Ebene

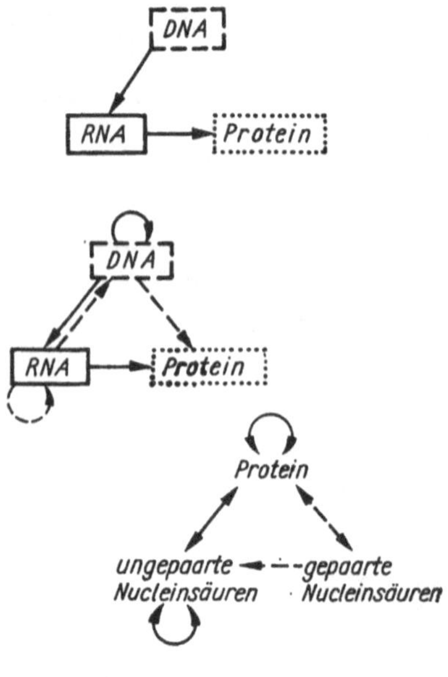

Das „Processing“ der Dogmen. Das „Central Dogma“ erlebte nach Temin das „Reversal of the Dogma“. Seither scheint nur noch das „revising constant“ zu sein. Schemen nach F. H. C. Crick [16—26].

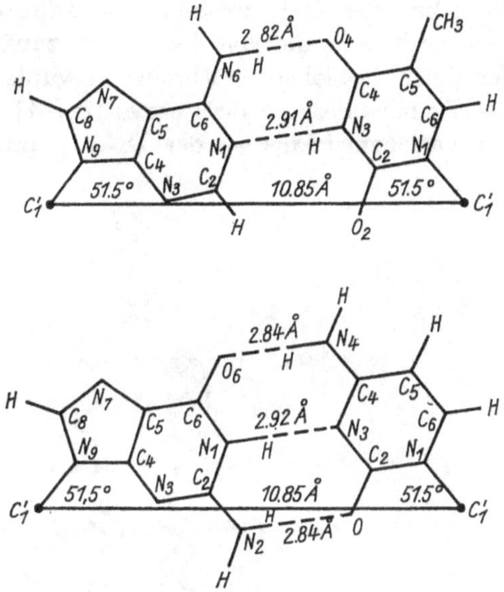

Die klassischen Basenpaare von Watson u. Crick [16, 18, 20] in den etwas modifizierten Parametern von Wilkins u. Arnott [61].

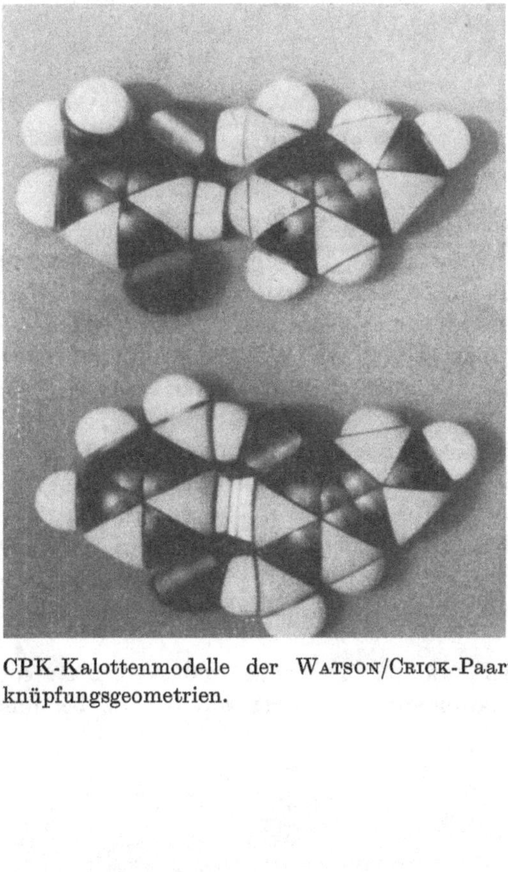

CPK-Kalottenmodelle der Watson/Crick-Paarungen [20] — die gleichen Anknüpfungsgeometrien.

herumschlugen. Noch ehe „die“ Struktur von ihm und seinen Mitstreitern ausgetüftelt wurde, hatte sich die Zahl der Indizien zu jener Kette des Informationsflusses mit rückgekoppelten Funktionsmechanismen verdichtet, die von den beiden zunächst einmal scherzhaft als „zentrales Dogma der Molekularbiologie“ inthronisiert wurde [16—26].
Die klassische Primitivskizze dieses Dogmas deshalb für's erste: [2—67]. Eine in die „Basenschrift“ eines riesigen Informationsmoleküls — der DNA — programmierte

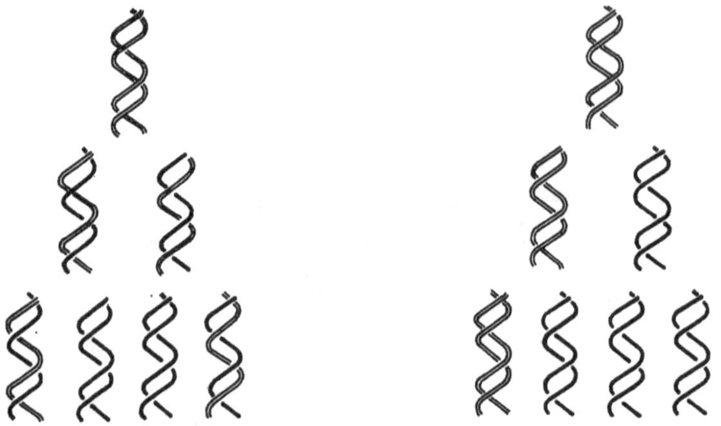

DNA-Replikationsschemata.
Erste und zweite Generation von Tochtermolekülen in
a) semikonservativer und b) konservativer Replikation.
Die klassischen Experimente von M. Meselson u. F. W. Stahl [29] favorisieren den ersteren Weg.

Botschaft wird in polymerase gesteuerten Replikationsschritten in die Tochtergenerationen weitergegeben. Die identische Replikation in Form von Matrizenzuordnungen entschleierte das „Wunder und Rätsel“ der Weitergabe und relativen Konstanz der Erbinformation [16—20].
Die Informationsübertragung der DNA in die Funktionalität von Proteinstrukturen arbeitet mit einem — wie wir heute annehmen — universellen, nicht überlappenden, degenerierten Triplettcode dreier aufeinanderfolgender Basen in linearer Sequenz. Mit den zur Verfügung stehenden 4 Basenarten ergeben sich $4^3 = 64$ Möglichkeiten, mehr als genug, um die Palette der etwa 20 zur Verfügung stehenden Aminosäuren zu terminieren und diskriminieren. Einige Codons können darüber hinaus noch als Interpunktionen der Botschaften fungieren.
Die chemischen Schritte zum Ausdruck der Chromosomenbotschaft in ein Protein erfordern im Initialprozeß die Transkription eines Teilbereiches der ebenso unhandlichen wie „heiligen“ DNA-Struktur — eines aus mehreren Struktur- und ihren Aktionsgenen gebildeten Operons — in ein kleines, handlicheres und lesbareres Molekül mit komplementärer Basensequenz: die sogenannte mRNA. Kurzlebige Blaupause einer großen Programmierung, primäres Genprodukt, Handlungsanweisung für eine komplizierte Maschinerie.
Spezielle Übersetzungsmaschinen, die aus Enzymen und Nucleinsäuresystemen gebildeten Multikomplexe der Ribosomen, kooperieren mit den an bestimmten Trans-

portvehikeln, den tRNAs herangeführten Aminosäuren und dem Gen-messenger, um im anschließenden Translationsschritt die DNA-Botschaft in die Sprache der sekundären Genprodukte, der Proteine zu übersetzen. Die erwähnten Interpunktionszeichen innerhalb der Botschaft erscheinen um so nötiger, als in vielen Fällen ein Messenger Informationen für mehrere, nacheinander zu synthetisierende metabolisch zusammenhängende Enzymsysteme enthält. Die tRNAs sind relativ kleine Makrostrukturen von etwa 80 Nucleotiden. Ihre Ketten sind in sich zurückgefaltet, wobei die kleeblattähnlichen Sekundär- und Tertiärstrukturen durch Teilbereiche komplementärer Basenpaarungen stabilisiert werden. An einem Ende des Kleeblattstiels befinden sich Aminosäuren,

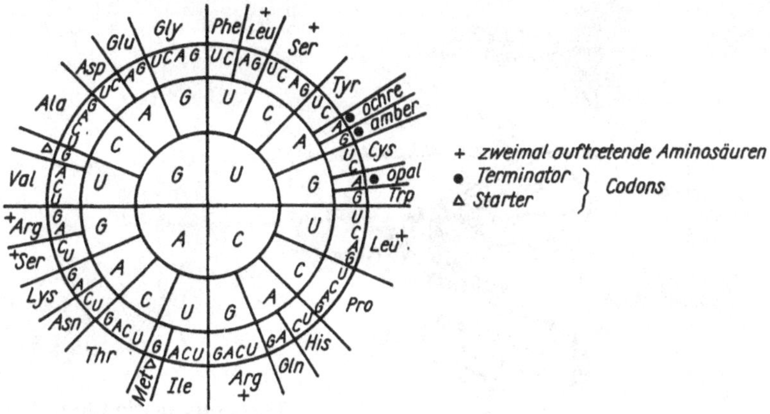

Wörterbuch und Grammatik des genetischen Codes nach G. Feix [36].

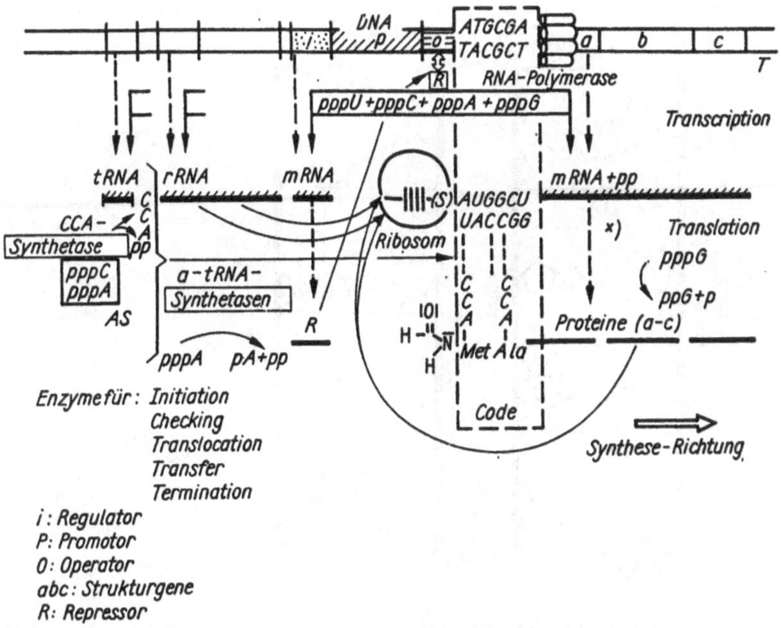

Das „klassische" Decodiersystem von *E. coli* nach H. Matthaei u. Mitarb. [34].

durch spezifische Enzyme in einer Art „second code"-Reaktion an zugehörige tRNA-Fahrzeuge mittels Esterbindung angehängt. In der mittleren Schleife der Kleeblattstruktur — jeweils im gleichen Abstand zur Aminosäure — sitzt — mit methylierten und sonstigen ungewöhnlichen Basen gegen Mißdeutungen abgesichert — die sogenannte Anticodonregion dreier aufeinanderfolgender Basen, mit deren spezifischen Wasserstoffbrücken unter enzymatischer Mithilfe das für die Aminosäure zuständige Codon auf dem messenger erkannt wird. Die erste der drei Basen kann nach CRICKS wobble-

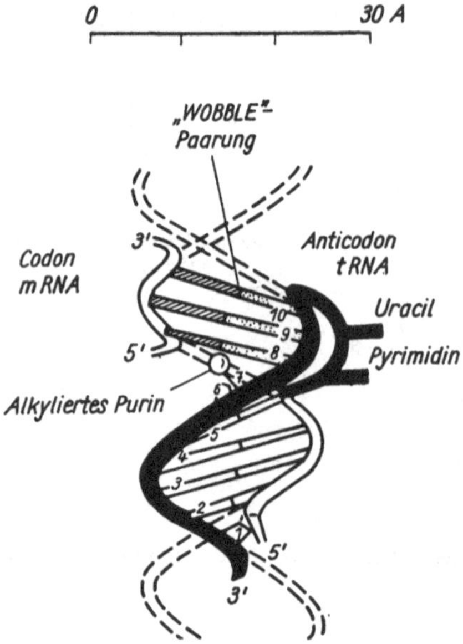

Der „Informationskanal" der Translation zwischen messenger und tRNA am Ribosom. Schema nach W. FULLER u. A. HODGSON [38].

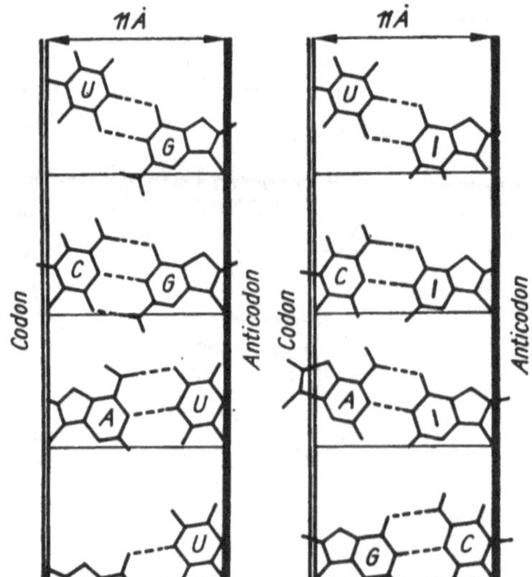

CRICKS [15—18, 23, 26 und zwischenzeitliche Mitteilungen] „wobble"-Paare nach H. MATTHAEI u. Mitarb. [34].

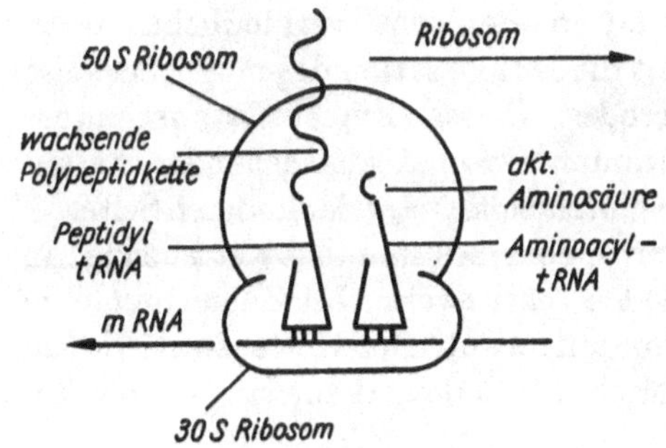

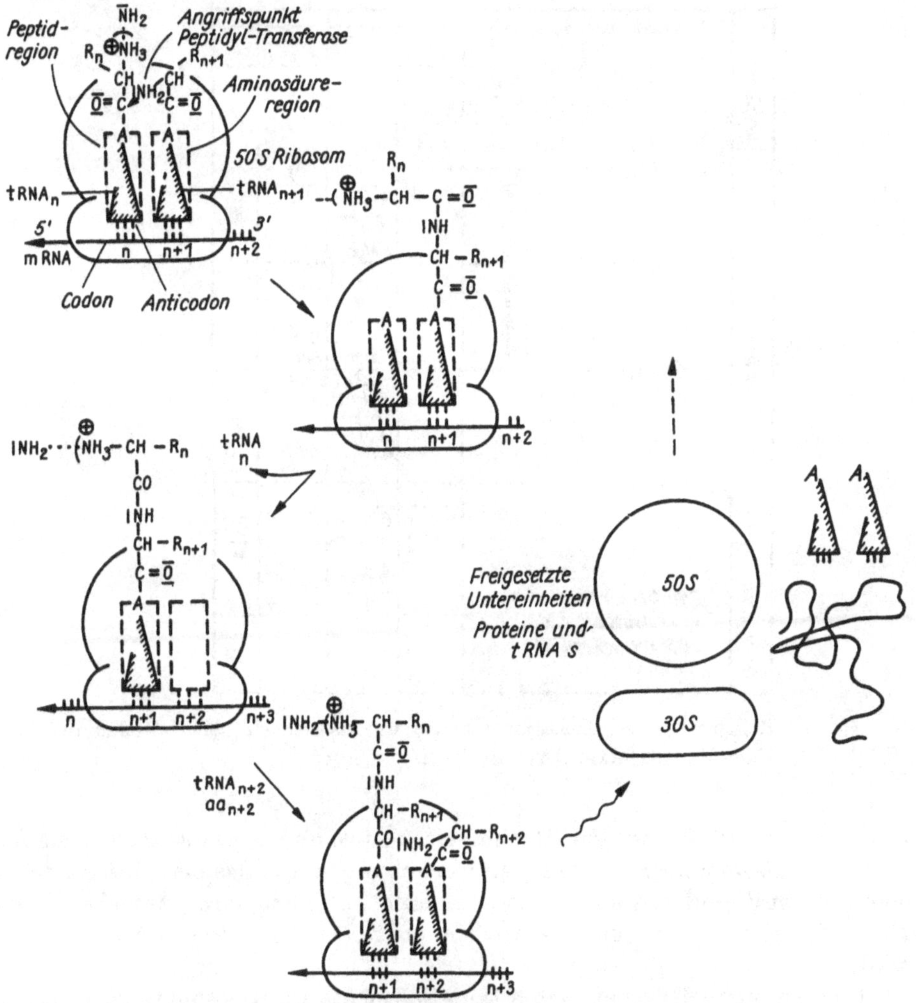

Initiation, Elongation und Termination im klassischen *E. coli*-site-Modell nach R. A. Garrett u. H.-G. Wittman — modifiziert [39].

Hypothese bis zu einem gewissen Grad abweichend von den sonst verbindlichen WATSON/CRICK-Paaren variiert sein und bedingt damit die Degeneration des möglicherweise aus niedrigeren Codeformen gebildeten Dreiercodes. Dieses Triplett ist gegenüber Dublett- und Quadruplettpaaren gleichzeitig Optimum zwischen ausreichender Stabilität und Spezifität auf der einen und hinreichender Kurzlebigkeit auf der anderen Seite.
Die Ablesung des messengers erfolgt immer von einem bestimmten Kettenende (in 5'-3'-Richtung). Entsprechend wird die Peptidkette schrittweise, beginnend mit dem Aminoende in Richtung auf das Carboxylende hin aufgebaut. Der Kettenstart wird in den meisten der bekannten niedrigen Systeme durch das Codewort für eine ungewöhn-

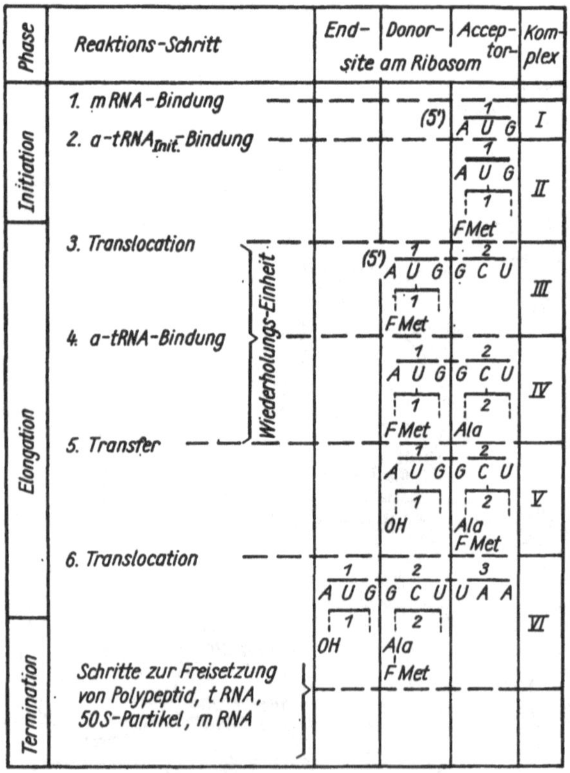

Reihenfolge der Reaktionsschritte im klassischen „site"-Modell der Ribosomen. Nach H. MATTHAEI [34].

liche Aminosäure (N-Formylmethionin) eingeleitet. Es ist gewissermaßen das Achtungszeichen zu Beginn einer Informationsübertragung, durch das der Ableseraster in Phase gebracht wird und dessen Aminosäure nach Erfüllung ihrer Aufgabe als nicht zur Nachricht gehörig in einem speziellen enzymatischen Prozeß wieder abgespalten wird.
Als Empfangsseite der sogenannten Initiationsphase am Ribosom fungiert die Acceptorsite, in der matrizenartig zwischen mRNA, tRNA und einer Reihe von Enzymen ein Startkomplex gebildet wird. In der Kettenwachstumsperiode, der Elongation, wird die Dreiheit von Translokation der tRNA von der Acceptorseite in die Donorsite, Neu-

aufnahme von tRNA in den Acceptorbereich und transfer der Peptidkette aus der Donor- zurück in die Acceptorregion zu einer Wiederholungseinheit verschmolzen. Die wachsende Peptidkette hängt mit ihrem Carboxylende jeweils an der zuletzt eingetretenen tRNA. Nach vollständiger Übersetzung einer Genbotschaft im m-Cistron scheint mit dem Erscheinen eines „Nichtsinn"-Tripletts ein Mechanismus in Gang zu kommen, durch den der mRNA-tRNA-Peptidyl-Ribosomenkomplex im Terminationsschritt gespalten wird, möglicherweise unter Translokation in eine spezielle „Endsite" am Ribosom [2—49].

2.2. Statische und dynamische Matrizen

Trotz verblüffender Schnelligkeit gehorchen genetische Weitergabe, Transcription und Translation in die Proteine hinein komplizierten matrizengesteuerten Regelmechanismen.

Wie bereits erwähnt, setzt sich das genetische Material der Chromosomen zunächst aus Operons zusammen. Die Vergrößerung eines solchen Operons zeigt aneinandergereiht

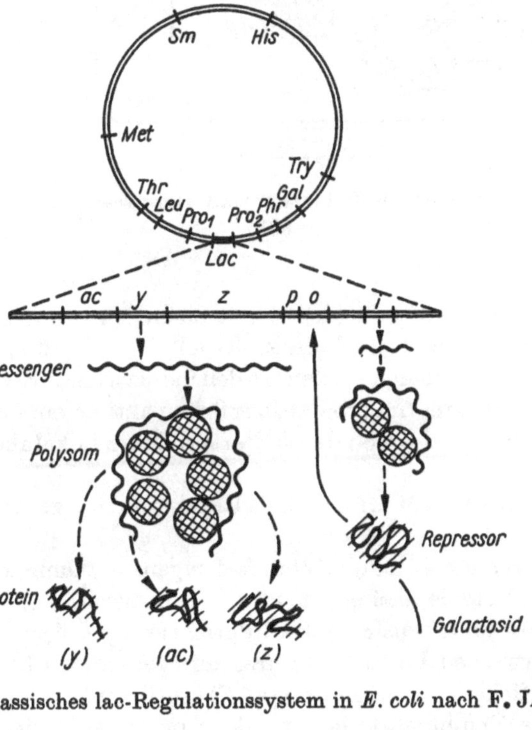

Klassisches lac-Regulationssystem in *E. coli* nach F. Jacob [46].

Strukturgene für die zu synthetisierenden Enzymkomponenten, danach den sogenannten Promotor, das Startzeichen für die RNA-Polymerase zur Synthese des messenger und den Operator, die Gensteuerung der Transcription, gesondert lokalisiert daneben — das Regulatorgen. Letzteres produziert einen spezifischen Repressor, der — selbst ein Protein — in Matrizenoperationen auf den Operator einwirkt und durch die damit ver-

bundene Inaktivierung die Synthese des messengers und mit ihm die der Proteine blockiert [42—49].
Die Enzymsubstrate können als Induktoren ihrerseits mit dem Repressor reagieren, wodurch dieser in seiner Aktivität gegenüber dem Operator gehemmt wird und die Synthese des messengers mit Folgeschritten der Proteinsynthese freigegeben wird.

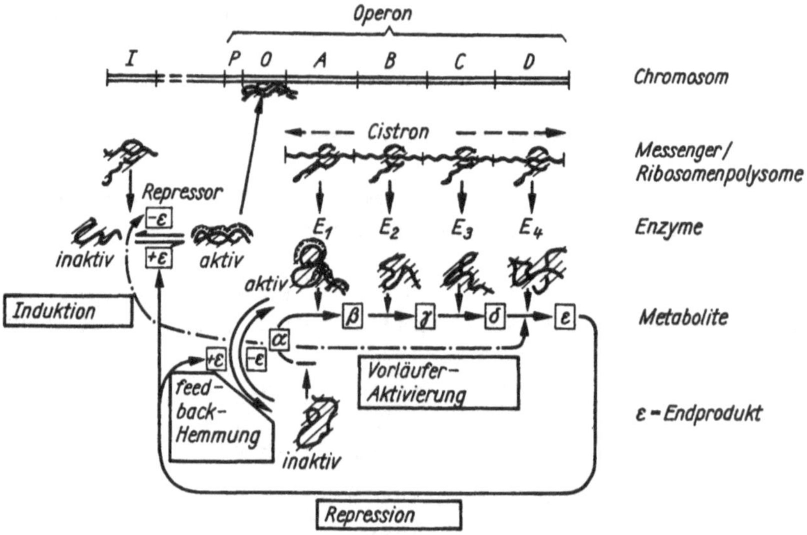

Vereinfachte Regelschemen in Induktion und Repression der Proteinbiosynthese [7, 8, 9, 10, 11, 35, 36, 42—47, 49, 62, 63].

Regulatorgen, Repressor und Operator bilden damit einen Matrizenregelkreis, der die Synthese des messengers kontrolliert. Auf diesen Regelkreis wirken spezifische Metabolite ein, welche die Rolle von Signalen spielen; in den induzierbaren Systemen, um den Repressor zu inaktivieren, in den reprimierbaren, um ihn zu aktivieren. Repression durch Endprodukte wird in anabolen, Induktion durch Startprodukte in katabolen Sequenzen bevorzugt.
Die Regulation der DNA-Synthese könnte ebenfalls Regelkreisen, sogenannten Replicons unterliegen.
Vermittelt wird all dies durch die — man möchte fast sagen — „Omnipotenz" von Enzymen, hochspezifizierten Proteineinheiten, in ihrem dynamischen Matrizenverhalten dialektische Entgegnung zur Matrizenstarre des Informationsspeichers.
Einige Seiten dieses katalytischen Verhaltens wären mit vorwiegend über die Entropie wirksamen Annäherungseffekten, kovalenter und Säure/Basenkatalyse sowie Ionenpaarbildung erklärbar. Die Kombination liefert jedoch nur einen Teilbetrag und nicht einmal den größten zur Schnelligkeit von Enzymreaktionen, die bei unerreichter Spezifität mit einem Faktor bis zu 10^{12} über gewöhnlichen in vitro Systemen liegen. Man möchte deshalb heute noch einige andere Faktoren hinzuzählen. Dazu gehört eine sehr präzise Lokalisation von Substrat und katalytischen Gruppen in einer Matrizenanpassung, deren Genauigkeit und Strategie uns noch beschäftigen wird. Mikroheterogenitäten der Proteinoberflächen, die die Polarisationseffekte von Ladungen ver-

stärken können, und Bindungsbeanspruchungen im Verlaufe der Wechselwirkungen zwischen Protein- und Substratmolekül. Von jeweils verschiedenartiger Wirksamkeit und Anteiligkeit in den einzelnen Enzymsystemen, könnten sie zusammengenommen einen beträchtlichen katalytischen Zusatzfaktor aufbauen, der die Schnelligkeit selbst bis in die erwähnten schwindelerregenden Höhen treiben mag.

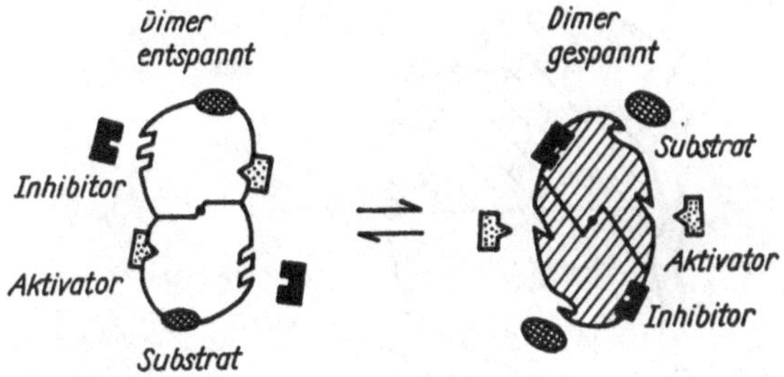

Klassisches Monod-Modell einer allosterischen Umlagerung in einem symmetrischen Dimeren nach J. Monod [44].

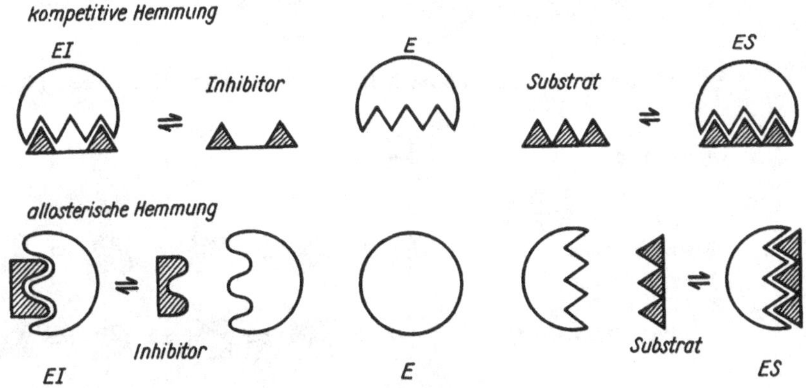

Kompetitive und allosterische Hemmungsmechanismen nach F. Wold [7].

Das Enzymbild von heute ist in Weiterentwicklung der ursprünglichen Fischerschen „Schlüssel/Schloß"-Konzeption eher das Bild eines „induced fit". In dieser induzierten Anpassung spielen Konformationsänderungen innerhalb flexibler Matrizenwirksamkeiten von Enzym und Substrat eine entscheidende Rolle. In einem unter gegenseitiger Einflußnahme verlaufenden Konformationswechselspiel wählt bei mehreren denkbaren Substratkonformationen das Enzym die geeignete aus. Zum anderen induziert das Substrat seinerseits Konformationsänderungen der Enzymmatrize und stabilisiert sie auf Grund neuer, zumeist schwacher Wechselwirkungen innerhalb des Bindungsprozesses. Gute Substrate unterstützen Konformationsänderungen, die idealen Lokalisationen katalytischer Gruppen nahekommen, Nichtsubstrate werden entweder überhaupt nicht gebunden oder ergeben ungünstige Katalysegeometrien.
Regulationseffekte werden durch zusätzliche Effektormoleküle erreicht oder verstärkt. Sie vermögen das Enzym in günstigen oder ungünstigen Konformationen zu stabilisieren. Dabei vermögen derartige Inhibitor- oder Aktivatormoleküle sowohl kompetitiv im

aktiven Bereich wie auch entfernt davon im sogenannten allosterischen Bereich anzugreifen. Die Effektorwirkung kleiner Molekülstrukturen kann teilweise oder auch vollständig von benachbarten Proteinuntereinheiten übernommen werden, wobei die zweite Untereinheit als allosterischer Effektor der ersten agiert.

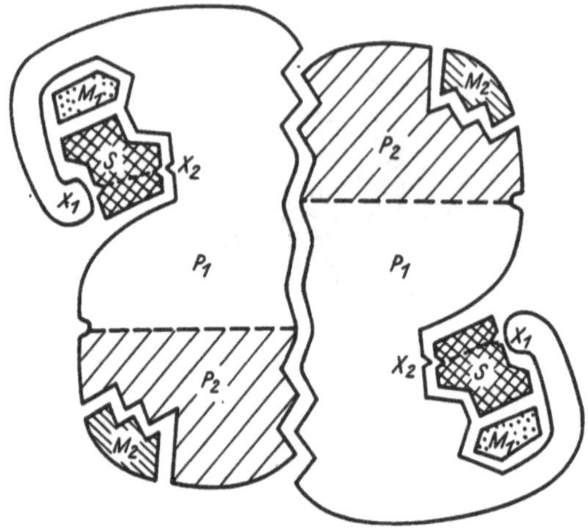

Subunit-Effektoren-Schema nach D. E. Koshland u. K. E. Neet [48].

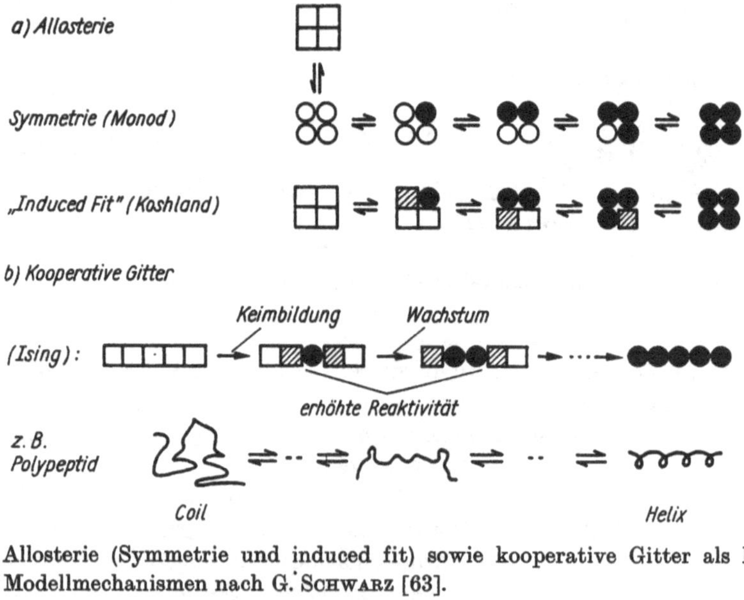

Allosterie (Symmetrie und induced fit) sowie kooperative Gitter als kooperative Modellmechanismen nach G. Schwarz [63].

Dabei sind zwei Grenzfälle von Enzymwirksamkeiten und -handlungsweisen vorstellbar. Im sogenannten Symmetriemodell von Monod reagieren sämtliche Proteinuntereinheiten — bei intensiver Wechselwirkung untereinander — synchron und symmetrisch auf eine durch Substrat oder Effektormoleküle ausgelöste Konformationsänderung. Der Vorgang verläuft — nur indirekt abhängig von der Konzentration der Effektoren —

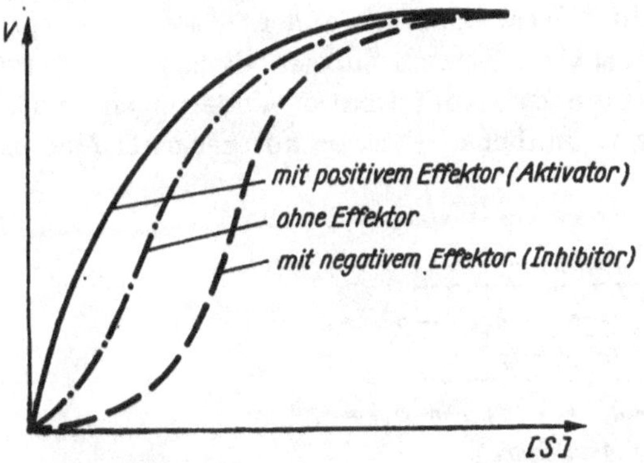

Umsetzungsgeschwindigkeit/Substratkonzentrations-Diagramm zwischen hyperbolen und sigmoiden Verlaufsformen ohne und in Gegenwart von Effektoren.

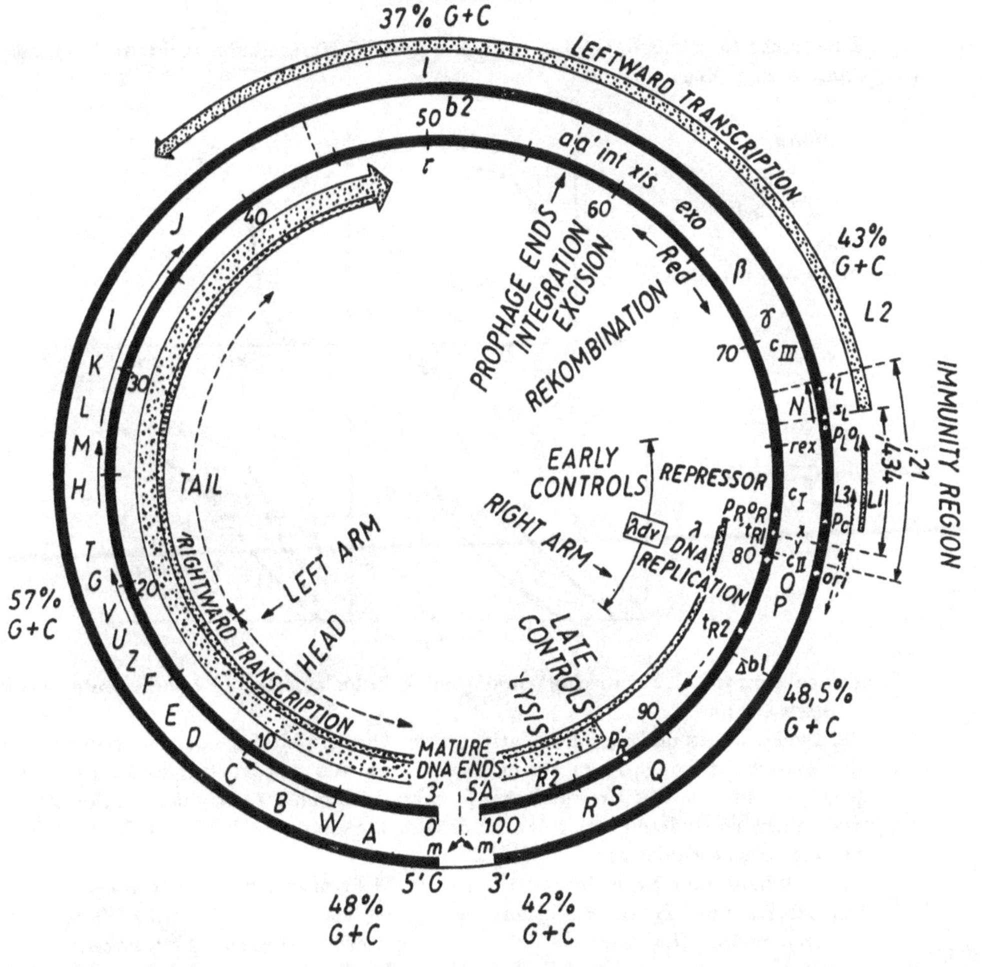

Verwirrende Programmierungsanweisungen — die genetische und physikalische Kartierung des Coliphagen-lambda-Genoms in seiner „reifen“ Form nach W. Szybalski [47].

im Sinne einer „Alles oder Nichts"-Reaktion. Das andere Extrem — von KOSHLAND demonstriert — konzentriert bei starken Enzym/Substrat-Beziehungen und schwachen zwischen den Proteinuntereinheiten die Konformationsänderungen zunächst auf die unmittelbar in Wechselwirkung befindlichen Partner mit geringen Matrizeneinflüssen auf die Nachbarsysteme.

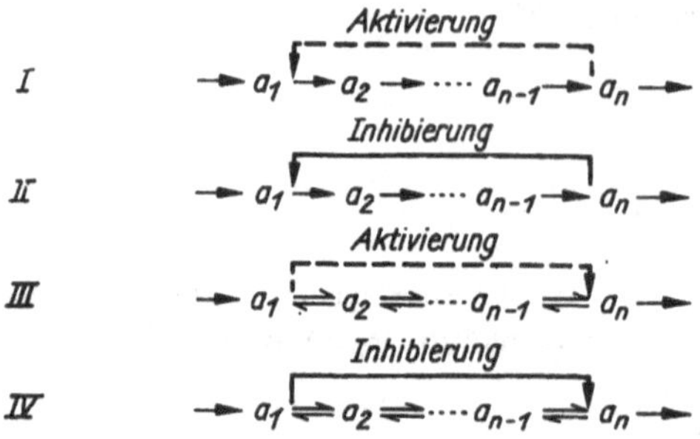

Zusätzliche Regelmöglichkeiten in Gestalt von Vorläufer/Endprodukt-Aktivierungs/Inhibierungs-Mechanismen.

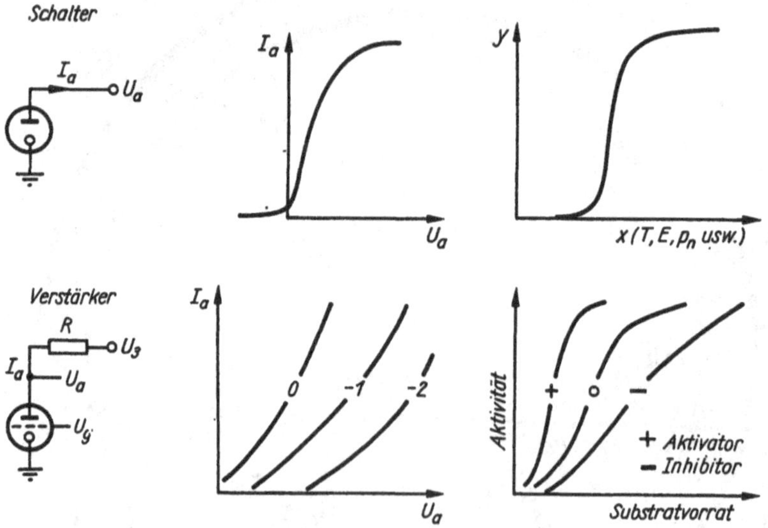

Analogisierung elektronischer und molekularbiologischer Regelelemente nach G. SCHWARZ [63].

Bei Diodenschaltung führt die relativ geringe Überschreitung eines Schwellenwertes der Anodenspannung U_a zu einem Maximalwert des Anodenstromes I_a. Dem entspricht die kooperative Umwandlungscharakteristik von Y (Aktivität, Konformation usw.) einer molekularen Struktur als Funktion einer äußeren Variablen X (Temperatur, elektrische Felder usw.).

Verstärkungs- und Regeleigenschaften einer Elektronenröhre werden durch Kennliniendiagramme (I_a als Funktion von U_a bei verschiedenen festen Werten der Gitterspannung U_g) beschrieben. Variation enzymatischer Aktivitäten durch Variation der Konzentration allosterischer Effektoren als molekularbiologisches Analogon.

Sogar in dieser groben und unvollkommenen Konturierung ein Bild bestechender Matrizenoperationstechnik zwischen Struktur und Funktionalität, zwischen Information und Katalyse, innerhalb des erkämpften, errungenen und bewahrten wäßrigen Milieus — eingerahmt von ebenso dem großen Zweck untergeordneten wie in sich selbst gleich raffinierten Regelstrategien unterworfenen Membranschleiern, Schutz gegen die Einflüsse der Umgebung, Notwendigkeit erster und folgender Individualisierungen als Voraussetzung für höhere Kooperativitätsformen und -mechanismen.

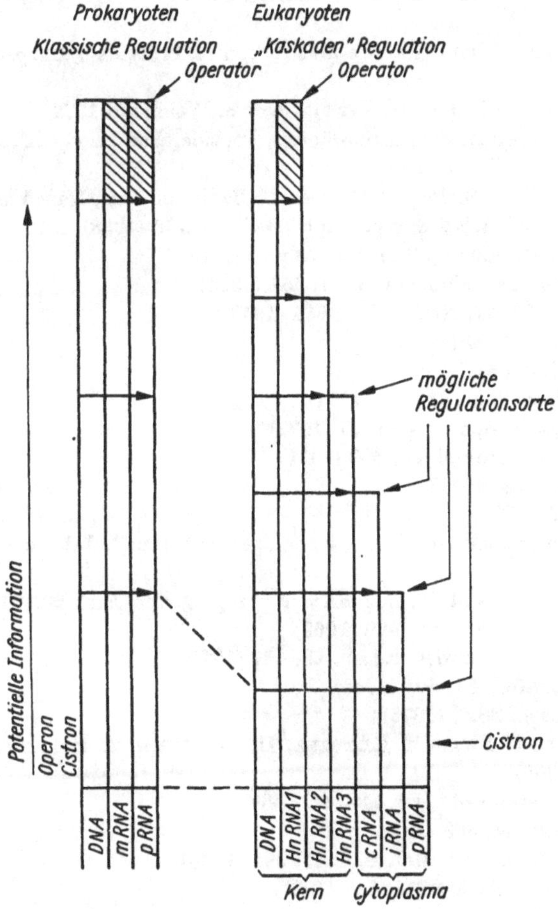

Hypothetische Pro- und Eukaryotenmodelle der Regulation der Proteinbiosynthese nach H. Mohr u. P. Sitte [66].

2.3. Literatur*)

[1] Pauling, L., "The Nature of the Chemical Bond", Cornell University Press Ithaca, New York 1960

[2] Perutz, M. F., "Proteins and Nucleic Acids", Elsevier London 1968

[3] Kratky, O., „Das Makromolekül", Österr. Akad. d. Wiss., Wien 1967

[4] Florkin, M., u. E. H. Stotz (eds.), Biochemistry Vol. 2, 3, 7 und 8, Elsevier New York 1963

*) Literatur bis Anfang 1975 berücksichtigt

[5] Rich, A., u. N. Davison, "Structural Chemistry and Molecular Biology", Freeman San Francisco 1968
[6] Flory, P., "Statistical Mechanics of Chain Molecules", Wiley, New York 1969
[7] Wold, F., "Macromolecules", Prentice Hall, New Jersey 1971
[8] Mahler, H. R., u. E. H. Cordes, "Biological Chemistry", Harper & Row, New York 1971
[9] Träger, L., „Einführung in die Molekularbiologie“, Fischer/Jena 1969
[10] Geissler, E. (ed.), „Desoxyribonucleinsäure“, Akademie-Verlag, Berlin 1972
[11] Bielka, H. (ed.), „Molekulare Biologie der Zelle“, Fischer/Jena 1973
[12] Dickerson, R. E., u. I. Geis, „Struktur und Funktion der Proteine“, Verlag Chemie, Weinheim 1971
[13] Dickerson, R. E., u. I. Geis, "The Structure and Action of Proteins", Harper & Row, New York 1960
[14] Fasold, H., „Die Struktur der Proteine“, Verlag Chemie, Weinheim 1972
[15] Jakubke, H.-D., u. H. Jeschkeit, „Aminosäuren, Peptide, Proteine“, Akademie-Verlag, Berlin 1973
[16] Watson, J. D., "The Molecular Biology of the Gene", Benjamin Inc., New York 1970
[17] Crick, F. H. C., Cold Spring Harbor Symp. Exptl. Biol. **12**, 138 (1958)
[18] Crick, F. H. C., "The Genetic Code", Scientific American 1962
[19] Temin, H. M., Nat.-Cancer Inst. Monograph. **17**, 557 (1964)
[20] Watson, J. D., u. F. H. C. Crick, Nature **177**, 964 (1953)
[21] Baltimore, D., Nature **226**, 1209 (1970)
[22] Crick, F. H. C., Nature **227**, 561 (1970)
[23] Crick, F. H. C., Nature New Biol. **234**, 25 (1971)
[24] Haurowitz, F., Nova Acta Leopoldina **36**, 23 (1971)
[25] Temin, H. M., Annu. Rev. Microbiol. **25**, 609 (1971)
[26] Gallo, R. C., Nature **234**, 194 (1971)
[27] Edlin, G., Bioscience **1972**, 77
[28] Lynen, F., „Biochemische Strukturen in der lebendigen Substanz“, Jahrbuch Max-Planck-Gesellschaft **1969**, 46
[29] Meselson, M., u. F. W. Stahl, Cold Spring Harbor Symp. Quant. Biol. **23**, 10 (1958)
[30] Cox, R. A., Quart. Rev. Chem. Soc. **22**, 499 (1968)
[31] Rzepka, P., u. L. Rensing, Naturwiss. Rdsch. **23**, 467 (1970)
[32] Ochoa, S., Naturwissenschaften **55**, 505 (1968)
[33] Ochoa, S., Naturwiss. Rdsch. **26**, 1 (1973)
[34] Matthaei, H., G. Sander, D. Swan, T. Kreuzer, H. Caffier u. A. Parmeggiani, Naturwissenschaften **55**, 281 (1968)
[35] Matthaei, H., Zentralbl. Bakteriol. Orig. **198**, 65 (1965)
[36] Feix, G., Naturwiss. Rdsch. **24**, 369 (1971)
[37] Wilkins, M. H. F., u. S. Arnott, J. Mol. Biol. **11**, 391 (1965)
[38] Fuller, W., u. A. Hodgson, Nature **215**, 817 (1967)
[39] Garrett, R. A., u. H.-G. Wittmann, Endeavour **22**, 8 (1973)
[40] Britten, R. J., u. E. H. Davidson, Science **165**, 349 (1969)
[41] McLachlan, A. D., Annu. Rev. Phys. Chem. **23**, 165 (1972)
[42] Jacob, F., u. J. Monod, J. Mol. Biol. **3**, 318 (1961)
[43] Monod, J., J. Wyman, J. P. Changeux, J. Mol. Biol. **12**, 88 (1965)
[44] Monod, J., Angew. Chem. **78**, 694 (1966)
[45] Lwoff, A., Angew. Chem. **78**, 689 (1966)
[46] Jakob, F., Angew. Chem. **78**, 704 (1966)
[47] Szybalski, W., Karl-August-Forster-Lectures, Akademie der Wiss. u. d. Literatur, Mainz 1971
[48] Koshland, D. E., u. K. E. Nett, Annu. Rev. Biochem. **37**, 359 (1968)

[49] Hartmann, P. E., u. S. R. Suskind, „Die Wirkungsweise der Gene“, Fischer/Jena 1972
[50] Richards, F. M., H. W. Wyckoff u. N. Allewell, “The Origin of Specifity in Binding”, Neurosciences Rockefeller University Press, New York **1970**, 901
[51] Storm, D. R., u. D. E. Koshland, Proc. Nat. Acad. Sci. U.S. **66**, 445 (1970)
[52] Dafforn, A., u. D. E. Koshland, Proc. Nat. Acad. Sci. U.S. **68**, 2463 (1971)
[53] Bruice, T. C., Cold Spring Harbor Symp. Quant. Biol. **26**, 21 (1971)
[54] Hammes, G. G., u. C.-W. Wu, Science **172**, 1205 (1971)
[55] Borriss, R., Biol. Rdsch. **10**, 163 (1972)
[56] Lipscomb, W. N., Chem. Soc. Rev. **1**, 319 (1972)
[57] Lienhard, G. E., Science **120**, 149 (1973)
[58] Lumry, R., u. R. Biltonen in “Stability of Biological Macromolecules” (S. Timasheff u. G. Fasman eds.) Dekker, New York 1969
[59] Beyer, P. D. (ed.) “The Enzymes” 1–4, Academic Press, New York 1971
[60] Spiegelman, S., Quart. Rev. Biophys. **4**, 213 (1971)
[61] Wilkins, M. H. F., u. S. Arnott, J. Mol. Biol. **11**, 391 (1965)
[62] Engel, J., u. G. Schwarz, Angew. Chem. **82**, 468 (1970)
[63] Schwarz, G., Umschau Wiss. Techn. **71**, 141 (1971)
[64] Yockey, H. P., J. theor. Biol. **46**, 369 (1974)
[65] Gros, F., FEBS-Letters **40**, 19 (1974)
[66] Mohr, H., u. P. Sitte, „Molekulare Grundlagen der Entwicklung“, Akademie-Verlag, Berlin 1972
[67] Puschendorf, B., Biol. i. u. Zeit **4**, 139 (1974)

3. DIE EVOLUTION DES GROSSEN PROZESSES

Der große Prozeß evolviert nach dialektischen Prinzipien. Wir Menschen haben uns allerdings von jeher mit einer adäquaten dialektischen Simulation eher schwer getan. Zu verlockend muß von Beginn an der Hang zur Vereinfachung in absolute Positionen, der Zwang zu einer eher statischen Versteifung gewesen sein [1—150].

Die noch höchst unvollkommenen menschlichen Protohirne frühen Beginns dürften die komplexen Umgebungsstrukturen nur in harten Übersichtskonturen gefaßt haben. Für das unmittelbare Überleben war die schnelle, grobe und zwangsläufig übersimplifizierte Wahrnehmung und Verarbeitung sicher günstiger als die lückenlose Erfassung zahlloser irrelevanter Details. Der sich der auffächernden natürlichen und sozialen Umgebungslandschaft anpassenden Simulationslandschaft der Hirne öffneten sich zunehmend kompliziertere Umgebungsmuster, so daß auch jetzt in der weiteren Entwicklung keine Notwendigkeit bestand, ursprünglich wertvolle Vereinfachungsprinzipien evolutionär zu „überdenken". Die Absolutheit bleibt für das Überleben wichtiger als die Relativität, der Hang zu drastischer Vereinfachung bleibt zunächst Voraussetzung, die komplexe Umwelt in die Vernetzungs- und Registrationssphären eines einzelnen individuellen Hirns zu speichern.

Wissenschaftliche Bemühungen haben von Beginn an die Richtung des Vektors, unter dem menschliche Neugier angetreten war, das Unbekannte zu ergründen, nicht verleugnen können. Für lange Perioden lebten wissenschaftliche Forschungsobjekte von einer unbezüglichen individualisierten Abstraktion in Raum und Zeit, bar jedes größeren Zusammenhangs. Und ähnlich erfolgreich wie der Mensch in seinen frühen Stadien des Überlebens war die „frühe" wissenschaftliche Methode weitgehend abstrahierter Analytik und primitivierter Synthese. Was folgte war, wie Woese es ausdrückte, eher ein Hang zum „processing of forms" denn zur Betrachtung von „forms of a process". Wir alle haben noch etwas von den ersten Wehen miterlebt, die — philosophischen Umwälzungen eher folgend — hier auch naturwissenschaftlich einen neuen Denkansatz verkündeten. Und wir sind noch heute Zeitgenossen seiner langen und schmerzvollen Geburt. Die Physik, damals die wohl durchtheoretisierteste der Naturwissenschaften, hatte sich unter die bewußtseinsmäßig einfach zugängliche Sphäre makroskopischer Dimensionen in die Unanschaulichkeiten der Welten von Elementarteilchen gewagt.

Die Ouvertüre hierzu bildete die Konfrontation mit dem unlösbar erscheinenden Widerspruch zwischen Welle- und Teilchenmuster der Untersuchungsobjekte. Ein Problem, das den alten Gesetzen dogmatischen, doktrinären, absoluten Herangehens eigentlich nur dadurch lösbar erschien, daß eine dieser Theorien offensichtlich falsch sein mußte. Die harten graphischen Schwarzweißbilder einer Milliardenjahresentwicklung trotzten zunächst Versuchen, schwarz und weiß als Relativa ohne absolute Ver-

einzelungsmöglichkeiten zu konzipieren und sie widersetzten sich erst recht der nuancierenden Einebnung durch Hierarchien unterschiedlicher Grautöne.
Wir haben uns seither an jenes „Unikum" — und vieles andere danach — gewöhnt, ohne es eigentlich zu fassen. Wir sprechen vom Welle-Teilchen-Dualismus und klagen in diesem terminus technicus gleichzeitig die Welt an, die uns da eine simulative Unsinnigkeit bescherte, daß wir zwar mit ihr zu leben gezwungen sind, ohne sie letztlich simulativ zu verkraften. Wir haben sie eingeordnet in jenen großen Zusammenhang einer Unzahl dialektischer Wechselbezüglichkeiten, doch unsere bewußtseinsmäßige Begriffsbildung hinkt dieser ersten Etikettierung sehr weit nach. Selbst in den Dialektiken der uns umgebenden Strukturierungen und Funktionalitäten klammern wir uns nur zu gern noch an unsere alten schönen absoluta.
Zufall und Notwendigkeit, die so oft genannten unter vielen anderen Dialektiken — wir haben anscheinend die alten falschen Standpunkte hinter uns gelassen: das absolute Schwarz- und das absolute Weißbild: eine zufällige Welt, zufällig entstanden oder auch zufällig da, das Leben, der Mensch in ihr, zufällig seine Entstehung, zufällig seine Entwicklung, zufällig seine Zukunft, wie die alles anderen um ihn herum — oder anders herum: eine Welt, notwendig entstanden oder auch notwendig da, das Leben, wie der Mensch notwendig in Entstehung und Entwicklung, notwendig in der Zukunft seiner und seiner Umgebung Entwicklung. Wir begreifen jetzt die Widersprüchlichkeit und wechselseitige Abhängigkeit beider Kriterien und die daraus resultierende Richtungswirksamkeit einer treibenden Kraft, doch „begreifen" wir es wirklich? Ist nicht unser Zufall wieder das eine absolutum, die Notwendigkeit das andere, die von der weißen und der schwarzen Position her ein Bild schwarz-weiß-nuancierter Feinmuster aufbauen. Wo aber ist er in diesem komplexen dialektischen Lebenszusammenhang: der absolute Zufall, wo ist die absolute Notwendigkeit? Real wohl nicht existent haben sie ein gewisses refugium in den Extrembereichen unserer geistigen Simulationslandschaften gefunden. Der eigentliche originäre Prozeß aber scheint in schillernder Vielfalt, in unübersehbarer Vielfalt von Bezüglichkeiten, von denen die Kriterien von Zufall und Notwendigkeit einen einzigen von unendlich vielen anderen Richtungsaspekten beschreiben, zwischen zahllosen Extremen oszillierend seine Richtung zu suchen, sie nie erreichend und doch schon von der Gegensätzlichkeit auch ihrer nie voll ausgeprägten Muster vorangetrieben.
Und während wir die Heisenbergsche Unschärferelation und mit ihr alle Quantenbezüglichkeiten von der ursprünglichen Provokation unserer recognitiven „Omnipotenz" zu einer allgemeinen Gesetzmäßigkeit hochstilisiert haben, werden wir mit ähnlichen komplexen Unschärfen der Bioprozesse konfrontiert. Langsam realisieren wir, daß die Simulation nur so richtig sein kann, wie sie allgemeine Prinzipien des Prozesses im methodischen Herangehen imitiert. Wir bemerken mit Erstaunen, daß unterhalb einer gewissen Schwelle wissenschaftliche Begriffe verschwimmen, „richtig" und „falsch" ein eigenes dialektisches Wechselspiel als Kontributionen zum allgemeinen aufbauen. Wir beginnen zu verstehen, daß die Schwierigkeiten eines einzelnen individuellen Gehirns — mit seinen unverwechselbar geprägten, im letzten einmaligen und unwiederbringlichen Differenzierungsmustern nur ihm eigenen Weltbild — gemildert und zum Teil kompensiert werden durch die Kooperativität ähnlicher aber nicht gleicher, unzähliger Gehirnindividualstrukturen, die im menschlichen Sein nicht mehr streng gebunden in Raum und Zeit eine Simulationspotenz aufbauen, die — weit mehr als die Summe ihrer Teile — im iterativen Herangehen an die Komplexität des großen Prozesses ein eben-

bürtiger Partner der originären Leistung sein könnte. Ein dialektischer Prozeß, fähig, dialektische Bewußtseins- und Kreativitätsmuster zu seiner eigenen Durchdringung und Weiterentwicklung zu entwickeln.

3.1. Die Selbstorganisation — Eigens Hypercyclus zwischen „Konstruktionisten" und „Reduktionisten"

Wir haben einleitend versucht, anhand einer Schilderung des Bausteinsatzes und der Umgebungsvoraussetzungen präbiotische Entwicklungsmuster in der Nucleationsphase abzuleiten. Wir haben andererseits heutige Muster- und Funktionsentwicklungen an uns vorüberziehen lassen mit der Absicht, durch eine Rückprojektion des evolvierten Instrumentariums und Prozeßinhalts gewisse Erkenntnisse über seine Quelle zu bekommen.

Beides in sich schwierige, wenn nicht im letzten eigentlich aussichtslose Bemühungen, einmal den Fluß in seinen unsichtbaren Quellen-Reservoirs zu erahnen, zum anderen aus seinem Verlauf im definierten Strombett seines Mittelabschnitts auf seine Quellen und ihre unmittelbaren Verlaufsformen zu schließen — zwei Blickrichtungen, in ihren Projektionen unterschiedlichen Gesichtspunkten huldigend, mit ungewissen Schnittpunkten in den verwaschenen Bezirken von Wahrscheinlichkeitsstrukturen, so recht eigentlich ein Problem, um im eben dargestellten Stil eher isolierten Herangehens gegensätzliche Standpunkte aufzubauen und mit bisweilen eher unangepaßter Intensität zu verteidigen. Es gibt inzwischen auch für diese neue Dualität schon zwei angelsächsische Einordnungskategorien: den „reduktionistischen" und den „konstruktionistischen" Standpunkt.

Doch widmen wir uns lieber zunächst den heute bestehenden Theorien auf diesem Gebiet, ohne den Streit aufzunehmen oder gar ihn zunächst zu vertiefen. Mannigfaltig sind die Ansätze und Standpunkte, die langen Wege der Evolution unseres Lebensprozesses simulativ nachzuziehen.

Eine der originellsten, dabei bestechend einfache, stimulierende und neue Aspekte eröffnende Theorie stammt von H. Kuhn. Er selbst beschreibt seinen Ausgang im Gegensatz zu anderen theoretischen Vorstellungen folgendermaßen: [12, 39, 44, 45, 82].

„Wir gehen auf eine etwas andere Weise vor: wir versuchen einen Modellweg zu finden, auf dem man sich einen Mechanismus, wie den genetischen Apparat, entstanden denken kann. Der Modellweg besteht aus vielen kleinen Schritten. Jeder Schritt folgt aus dem vorangehenden, indem man die Frage stellt: welches Verhalten des Systems erscheint als das Naheliegendste. Man erfindet mögliche Wege, schätzt die notwendigen Zeiten ab und wählt die schnellste Möglichkeit als den jeweils nächsten Schritt. Auf diese Weise tastet man sich durch spielerische Variationen zu sinnvoll erscheinenden Modellwegen vor und läßt sich überraschen, wohin dieses Verfahren führt und ob der Denkansatz fruchtbar sei.

Jeder Schritt ist ein üblicher physikalisch-chemischer Prozeß. Man versucht nicht, verallgemeinernde Konzeptionen für Selbstorganisation und Evolution zu finden. Man erwartet umgekehrt, am speziellen Fall des Modellsystems die entscheidenden Gesichtspunkte besonders deutlich zu erkennen. Man hofft, in der skizzierten Weise sozusagen blindlings und automatisch zu selbstorganisierenden und selbstreproduzierenden Systemen zu gelangen und zu verstehen, wie sich der bekannte genetische Apparat in der erdgeschichtlich verfügbaren Zeit von etwa $2 \cdot 10^9$ Jahren bilden konnte. ...

Polynucleotid einheitlich chiraler Bausteine	Replikationsfähigkeit Fehlerwahrscheinlichkeit $\leqq 10^{-2}$/Base. Selektion
↓	
RNAs mit „angepaßten“ Tertiärstrukturen, Aggregatbildung	Fehlerärmere Aggregatreplikation Aggregatform selektioniert aus
↓	
Polypeptidsynthese an Aggregatoberflächen	Polypeptidhülle erlaubt individuelle Kompartimentierung; Selektionsvorteil
↓	
Komplementarität in Basentripletts von Ur-t- und -mRNAs	Protein mit gewisser Spezifität reduziert Replikationsfehlerwahrscheinlichkeit auf 10^{-3}/Base: Genetischer Code, Proteine mit spezifischen Funktionen evolvieren
↓	
RNA-DNA-Tandem	Unbrauchbare Komplementär-RNA-Stränge werden nicht mehr gebildet. Information für Organismus im DNA-Strang vereinigt. DNA wird Träger genetischer Information. Entwicklung bis $N_{\text{total}} \simeq 10^6$, $W \simeq 10^{-6}$
↓	
Austausch genetischen Materials bei gleichzeitiger Verbesserung des Replikationsapparates (Dreifachspeicherung+)	Evolution pseudosexueller Mechanismen. Verkleinerung von W und Vergrößerung von N_{total} bis zu der durch thermische Stöße oder Strahlenschäden gesetzten Grenze.
↓	Evolution höherer Organismen. $N_{\text{total}} \approx 4 \cdot 10^7$, $W \approx 2 \cdot 10^{-11}$ bei höchsten Organismen
Sprache, Schrift, Computer	Ermöglichen Übertragung größerer Informationsmengen auf folgende Generation als genetischer Apparat. Evolution von Informationsgefügen jenseits der Kapazität des genetischen Apparats.

N = Zahl der Basen
W = Fehlerwahrscheinlichkeit bei Übertragung einer Base
P = Wahrscheinlichkeit für Fehler bei Reproduktion eines Individuums
n = Zahl der Perioden
$P = N \cdot W$
Bedingung für Selektion
$N \cdot W \cdot n \leqq 1$
$W \leqq 1/N \cdot n$

Kuhns Evolution — von präbiotischen Polynucleotidspielen bis hin zum ZNS/Computer-Komplex, variabel zwar — aber in der Anlage doch ein „nucleic acid first“ [44, 45].

Die psychologische Schwierigkeit, einen so genial arbeitenden Mechanismus wie den genetischen Apparat als Produkt des Zufalls anzuerkennen, hofft man durch systematisches Verfolgen der vielen Einzelschritte zu überwinden: Jeder Schritt ist für sich leicht überschaubar, und die psychologische Schwierigkeit ergibt sich dadurch, daß im Evolutionsprozeß wegen der Vielzahl der Schritte und der Vielzahl der Individuen die Vorgänge in ihrer kausalen Verkettung nicht mehr insgesamt überblickt werden können. Der Selektionsprozeß (Darwins „survival of the fittest“) erscheint am physikalisch-chemischen Einzelschritt als Selbstverständlichkeit, und am einfachen Modell, wo man weit vom Gleichgewicht entfernt ist, sieht man unmittelbar, daß die häufig geäußerte Ansicht, ein System könne sich nicht von selbst organisieren, weil nach der Thermodynamik ein abgeschlossenes System dem Zustand größter Unordnung zustrebt, nicht richtig sein kann. ... Man darf nicht erwarten, daß ein sinnvoll erscheinender Phantasieweg mit dem tatsächlichen, d. h. erdgeschichtlichen Weg übereinstimmt, aber durch Aufzeigen auch nur einer Folge kausal zusammenhängender hypothetischer Schritte, die zu einem System mit genetischem Apparat hinführt, ist im Prinzip gezeigt, daß die Entstehung biologischer Organismen auf physikalisch-chemischer Grundlage gedeutet werden kann. Durch die experimentelle Überprüfung der Schritte des Modells kann man hoffen, der tatsächlichen Entwicklung auf die Spur zu kommen".

Mit nur wenigen mathematischen Einengungsbedingungen hinsichtlich Selektionswürdigkeit und -möglichkeit der betrachteten Systeme, ihrem Zeitbedarf zwischen Fehlerhäufigkeiten und Reproduktionszyklen entwirft Kuhn gemäß diesem Konzept ein Bild, das in einem weitgefaßten Bogen in Folgen divergenter und konvergenter Prozesse bei den ersten primitiven Replikationsspielen von RNA beginnend, sich über erste Assoziationsspiele innerhalb eines Rahmens fluktuierender Umweltparameter zwischen molekularem Werden und Vergehen, über die Konzeptionierung und Realisierung chiraler Oligomeren- und Polymerenverbände mit definierter Tertiärstruktur und hydrolyseverzögernden Passungen zu ersten RNA-terminierten Peptidbildungskatalysen hinzieht, die dem System über die Schaffung kompartimentierender und vielleicht auch replikationsfördernder Protein-Hüll- und -Aktionsverbände die Nucleation in einen protoribosomalen Apparat ermöglicht. Ein System, welches über die gruppenweise Einstudierung eines zunächst allein von der mittleren Base eines Basentripletts terminierten Primitivcodes eine ständig zunehmende Verfeinerung und Aufgliederung bis hin zu den Notwendigkeiten eines reinen Informationsspeichers in Form der DNA, evolvierender Replicase- und Polymerase- sowie degenerierender Revertase-Katalysen ermöglicht. Ein Plan, der sich durch die Möglichkeiten dieses Prinzips bis hin an jene Grenze tastet, wo die sich eröffnenden Sackgassen einer begrenzter werdenden Informationskapazität durch den sexuellen Austausch genetischen Materials überwunden werden, wo möglicherweise Dreierstrangablesungen und -korrekturen eine Richtigkeit der Informationsfixierung bis zu den Extremgrenzen von thermischen Stoßunordnungszuständen vorantreiben, und wo der Prozeß — schließlich erneut an eine Grenze möglichst universellen Informations-processings geraten — in Form der informationskonzipierenden und -transferrierenden Möglichkeiten der menschlichen Zentralnervensysteme abstrakte Potenzen findet, Information losgelöst vom absolut genetisch terminierten Transfer und losgelöst von der unmittelbaren Generationsfolge in Form von Sprache und Schrift zu übertragen und — schließlich durch Computer in genetisch nicht möglicher Vielfalt zu speichern und dennoch extrem schnell abrufbar zu machen.

Insgesamt eine Theorie, die nicht nur auf Grund einfacher Prämissen einen vorstellbaren Weg vom praebiotischen molekularen Chaos bis hin zu den Zukunftserwartungen unserer Jetztzeit zeichnet, sondern auch den bisherigen Weg innerhalb der Abschätzung wirksamer Selektionskriterien unter der Betrachtung des Zeitbedarfs der Entwicklungen auf Grund der Fehlerhäufigkeiten bei der Reproduktion von Pro- und Eukaryotenverbänden befriedigend wiedergibt [44, 45].

Und doch nur eine Theorie, ein Ansatz unter vielen — wenn vielleicht auch einer der leichtesten, spielerischsten, bestechend einfachen und doch sicher noch sehr tragfähigen [1—142].

Es gibt viele schöne Worte, die bisher zu und über die menschliche Neigung der theoretischen Gedankenordnung und Modellkonzipierungen gesagt wurden. Eine der fruchtbarsten, vielleicht auch eine der provokatorischsten, sicher eine der dynamischsten Thesen stammt von BERNARD, der meinte: «Il n'y a pas des théories vraies ou des théories fausses, mais il y a des théories fécondes et des théories stériles» [16].
Man könnte vielleicht noch etwas anderes hinzufügen: Theorien haben sicherlich ein wenig Ähnlichkeit mit Büchern. Da gibt es auf den ersten Blick begeisternde und erregende, doch manche davon läßt die Zeit schnell verblassen. Nur sehr wenige bewahren über längere Zeitläufe hinweg den Reiz der Ursprünglichkeit, lassen bei jeder erneuten Bekanntschaft, bisher noch nicht beachtete Züge sichtbar werden und gewinnen selbst noch unter den nivellierenden Einflüssen eines alles umfassenden Alterungsprozesses.
Gewiß ist eine von diesen letztgenannten „analogisierten" Theorien die inzwischen nicht mehr junge, aber immer noch richtungsweisende und stimulierende Theorie von EIGEN, die sich eigentlich nur die Aufgabe stellte, die unmittelbare Zwischenphase zwischen Praebiotik und Entwicklung der Artenlandschaft durch eine Erhellung der Selbstorganisation des großen Prozesses im Anlauf auf die biologischen Individualisierungen sichtbar werden zu lassen. Und erscheint KUHNS Theorie geistvoll spielerisch, so ist die von EIGEN geistvoll gründlich. Sie bemüht sich, den sortierenden Einfluß dessen, der im Besitz gewisser Teilerkenntnisse über den Gesamtprozeß die KUHNschen Systeme in vielleicht befangene Richtungsorientierungen lenkt, durch die mathematisch fundierte Unbefangenheit von Differentialgleichungs-modellierten Evolutionspopulationen nach den Prinzipien wahrscheinlichkeitsorientierter Ansätze der Spieltheorie und eingeordnet in den großen Zusammenhang der Nichtgleichgewichtsthermodynamik von PRIGOGINE und GLANSDORFF unter den Gesichtspunkten stochastischer Modellansätze zu ersetzen, und hofft, daß in diesem Modellspiel von Gleichungssystemen, Gleichungsverbänden und ihren Kooperationen etwas von der Verläßlichkeit, Geschicklichkeit und der Absolutheit der Evolution derartiger Prozesse sichtbar wird. Eine Theorie, die der phänomenologisch so schwierig zu fassenden und noch schwieriger molekular zu durchschauenden Artenlandschaft etwas von der Exaktheit mathematischer Durchdringung und Stimulation verleiht, und in einer anscheinend unbestimmten Vielheit und Regellosigkeit das Wirken unabänderlicher Gesetzmäßigkeiten transparent werden läßt, die sich von den bisher bekannten und gewohnten eigentlich nur in einem total unterscheiden, in der ungeheuren Komplexität ihrer Bedingtheiten und wechselseitigen Vernetzungen [7, 8, 36—38, 1, 99—100].
Die Theorie bezieht sicher ein gut Teil ihres wohl für lange Zeit noch dominierenden Einflusses aber auch gerade aus der gewissen Unverbindlichkeit dieses Denkansatzes. Sie ist damit eigentlich — etwas im Gegensatz zu ihrem Schlußwort — eher eine Theorie des Anfangs, die im Grunde der detaillierten Ausgießung eines weitgesetzten Rahmenwerkes alle Freiheiten läßt und die selbst in ihren härteren, tragenden Konstruktionen noch so flexibel scheint, größere Neu- und Umkonzeptionierungen zu tolerieren. Im ganzen eigentlich das, was man sich für die dynamische Simulation eines hochkomplexen, dynamischen Prozesses wünschen sollte. Eine Theorie, die kein fest gefügtes Kuppelmonument auf eine hierarchische Kathedrale der Vollkommenheit setzt, sondern die unter einem eher luftig schwebenden Zeltdach mannigfache dynamische Umorientierungen ermöglicht, ja auf sie hin konzipiert zu sein scheint.
Wir sind damit gleichzeitig auch an den Ausgang unseres Report zurückgekehrt, den wir mit der Einleitung in EIGENsche Fragestellungen und Konzeptionen eröffneten.

Projizieren wir dies und unsere kleinen Ausflüge in die Strukturlandschaften dominanter Biostrukturen nun auf den Ansatz zum Start des Prozesses, wie ihn die EIGENsche Theorie sieht:

Dieser Ansatz wird zunächst von zwei schönen Parabeln zur Thematik und Problematik eingeleitet [8].

"The question about the origin of life" schreibt EIGEN "often appears as a question about "cause and effect". Physical theories of macroscopic processes usually involve answers to such questions, even if a statistical interpretation is given to the relation between "cause" and "effect".

As a consequence of the exciting discoveries of molecular biology, a common version of the above question is "which came first, the protein or the nucleic acid? — A modern variant of the old "chicken-and-the-egg" problem. The term "first" is usually meant to define a causal rather than a temporal relationship and the words "protein" and "nucleic acid" may be substituted by "function" and "information". The question in this form, when applied to the interplay of nucleic acids and proteins as presently encountered in the living cells, leads ad absurdum, because "function" cannot occur in an organized manner unless "information" is present, and this "information" only acquires its meaning via the "function" for which it is coding".

Und die Antwort gibt die zweite Parabel:

"Such a system may be compared to a closed loop. Although it is evident that the line from which the loop is formed must have originated somewhere, the starting point will have lost all its importance as soon as the circle is closed. The present interplay of nucleic acids and proteins corresponds to a complex hierarchy of "closed loops"."

Und der Ausweg wird wie folgt angeboten:

"What is required in order to solve such a problem of interplay between cause and effect is a theory of selforganization which can be applied to molecular systems, or more precisely, to special molecular systems under special environmental conditions. We may

EIGENS "Selforganization of matter and the evolution of biological macromolecules" — und die cyclischen Graphen [7—9, 36—38].
Die komplementäre Instruktion der Nucleinsäuren.
Der Kopierprozeß wechselt innerhalb des Reaktionskollektivs $\pm i$ zwischen positivem und negativem Strang hin und her. Die Reaktionskollektive besitzen die inhärente Eigenschaft der Selbstinstruktion. Unter günstigen Bedingungen könnten einzelne Kollektive selektiert werden. Der Informationsgehalt der Sequenzen ist allerdings nicht sehr groß. Da evolutionär die verschiedenen Kollektive miteinander konkurrieren müssen, scheint ein derartiges System ohne selbstinstruierende katalytische Kopplung unfähig, sich selbst zu einer korrelierten Funktion zu organisieren. Diese Aussage stellt für die Realität von RNA-Ensembles allerdings wohl eine „näherungsweise Unterschätzung" ihrer katalytischen Potenzen dar.

envisage that such a process of molecular selforganization includes many randon events which do not have any instructed functional significance. What really matters is how certain such random effects are able to feed back to their origin and thus become themselves the cause of some amplified action. Under certain external conditions such a multiple interplay between cause and effect may build up to a macroscopic functional organization, which includes selfreproduction, selection and evolution to a level of sophistication where the system can escape the prerequisites of its origin and change the environment to its own advantage".

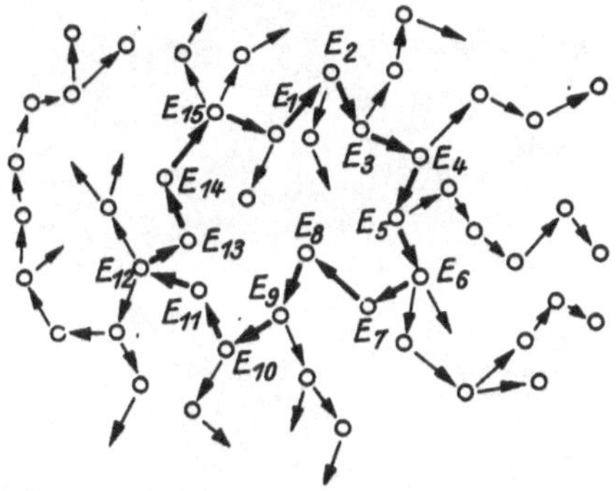

Was aber können Proteine?
Katalytisches Netzwerk von Proteinen mit einem geschlossenen Cyclus.
Es wird dabei angenommen, daß jeder Katalysator innerhalb des Netzwerkes mit Hilfe eines anderen Katalysators gebildet werden kann. Mit der Ausdehnung des Netzwerkes vergrößert sich die Wahrscheinlichkeit, innerhalb desselben einen geschlossenen Cyclus zu finden. Nur dieser ist autokatalytisch und garantiert damit Selbstreproduktion. Das System erscheint jedoch mit zuviel Information von geringem Selektionswert beladen. Mangels ausgeprägter Fähigkeiten zur inhärenten Selbst- oder Komplementärinstruktion kann sich das System nur mangelhaft entwickeln.
Auch dies in den „Wirrungen" von Proteinnetzwerken wieder eine Vereinfachung, denn (folgende Abb.):

Die allererste Ausmalung des bestechenden Bildes des Kreises, der seinen Ursprung — oder seine Ursprünge? — nun da er fertig ausgezogen vorliegt, nicht mehr verrät — oder vielleicht nicht mehr kennt?, der die Vielgestaltigkeit und die Angst der Unzahl möglicher Irrwege in eine große symmetrische ideale Symbolik zusammenzieht — ist für die EIGENsche Theorie der Hyperzyklus. Die erste erspielte, rückgekoppelte Komplexhierarchie eines Nucleoproteinsystems als Individualität inmitten ungeordneter fluktuierender Umgebungsstrukturen.
Was die Informationsmoleküle der Nucleinsäuren zwischen Selbst- und Komplementärinstruktion weder genügend stabilisieren noch dynamisieren konnten, was sich in den verzweigten Netzwerken informationsüberladener Enzymkatalyseirrgärten verzettelnd verlor, führt in der Kooperativität beider Systemhierarchien zur neuen Qualität codierter katalytischer Funktion im dynamisiert geordneten Netzwerk eines Hyperzyklus, der die selbstinstruktiven Eigenschaften komplementärer Erkennung der Nucleinsäuren mit der funktionell katalytischen Kapazität der Proteine in den Ausbruch eines dynamischen nichtlinearen Selektionsverhaltens führt.

Dem Hyperzyklus, jener zeitlichen Kreislaufhierarchie, in der cyklische komplementäre Nucleotidkollektive zu einem enzymatischen Hyperzyklus vereinigt sind, kommt nach EIGEN folgendes Verhalten zu: [8, 38]
Die Zyklen besitzen autokatalytische Eigenschaften.
Voneinander eher unabhängige Zyklen konkurrieren um Selektion. Als Folge der Nichtlinearität ist die Selektion äußerst scharf und ähnelt im Idealfall einem „alles oder

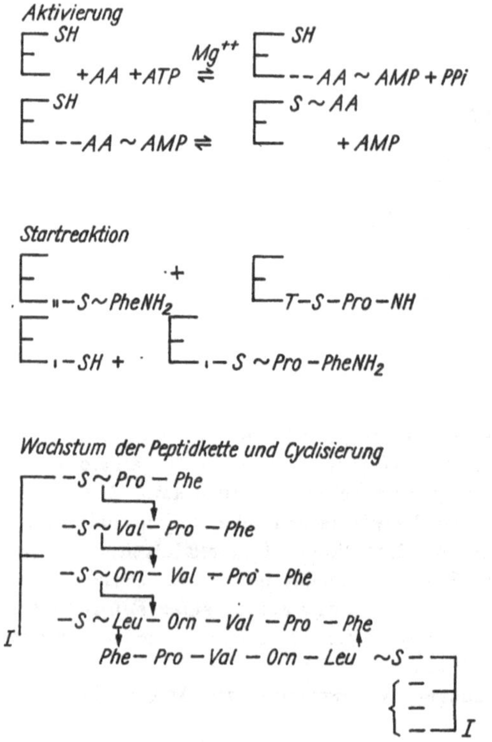

LIPMANN stellte uns das „Ehrgeizunternehmen" von Protein-Instruktivität und -Funktionalität vor:
Die nucleinsäurefreie Proteinbiosynthese — bescheiden in ihrem Rahmen zwar, bescheiden auch in ihrem Produktangebot — aber immerhin Proteinsynthesen auf ureigenen — sicher uralten — Proteintemplates, nach ureigenen Proteinsyntheseregien [20—22].
Schema der Synthesefolge nach F. LIPMANN [20, 21] sowie W. MAIER u. D. GRÖGER [22].

nichts" Verhalten. Damit ist das System in der Lage, einmal sehr geringe Selektionsvorteile zu nutzen, sofern sie nur in stochastisch signifikantem Maße auftreten, und zum anderen vermag es sich äußerst schnell zu entwickeln. Die rasche Selektion toleriert nicht die spätere Nucleation unabhängiger Konkurrenten. Chiralität und Code werden universell. Die zyklische Kopplung liefert eine den Erfordernissen des Systems angepaßte Informationskapazität. Die Replikationslänge einer einzigen Codeeinheit ist klein genug, um Reproduzierbarkeit zu gewährleisten. Das System kann sich in seiner Ent-

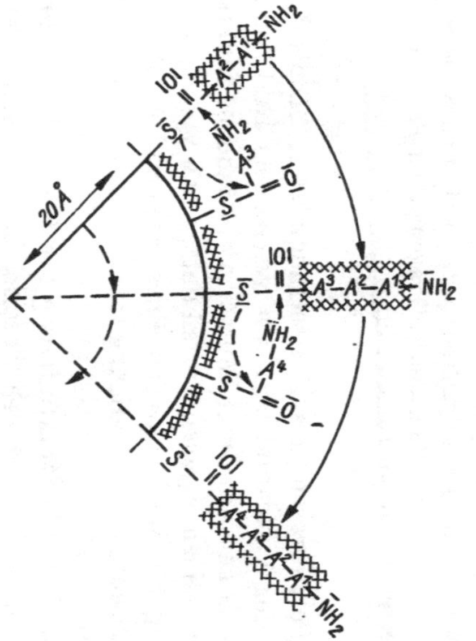

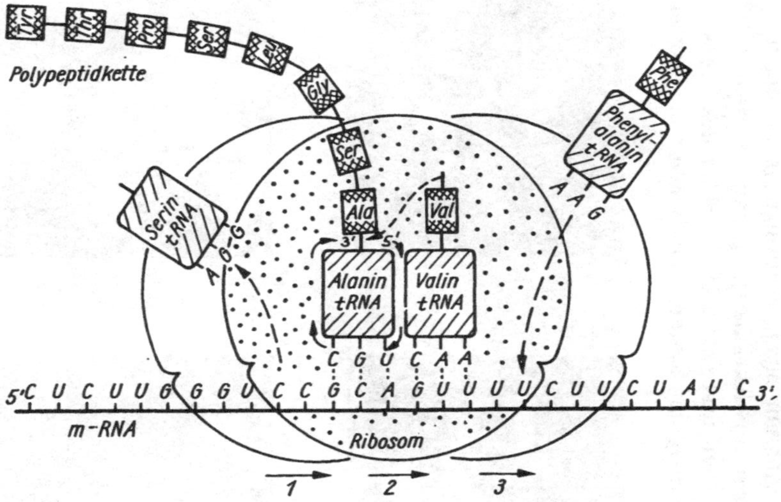

Sowie schematisch eine Gegenüberstellung:
von links: Transpeptidierungen und Transthiolierungen im Antibiotica-Peptidaufbau der nucleinsäurefreien Proteinbiosynthese
und rechts: Ribosomaler Proteinbiosynthese im klassischen site-Modell des Ribosoms nach F. Lipmann [20, 21].

wicklung durch Ausnützung von Selektionsvorteilen ständig verbessern. Genotypische Mutationen können unmittelbar verwendet werden. Selektionsvorteile können über Repressor-, Derepressor- oder Promotorfunktionen wirksam werden. Das System selektiert gegen parasitäre Verzweigungen, wenn diese geringere Selektionsvorteile aufweisen als der Kreiszyklus. Es gibt nur einen Verzweigungstyp, der mit dem Zyklus coexistiert: eine Verzweigung, deren Selektionswert genau mit dem des Zyklus übereinstimmt. Hieraus sollten sich Gen- und Operationsstruktur des Codesystems folgern lassen. In derartigen Zweigen vermag das System Funktionen von allgemeinem Nutzen

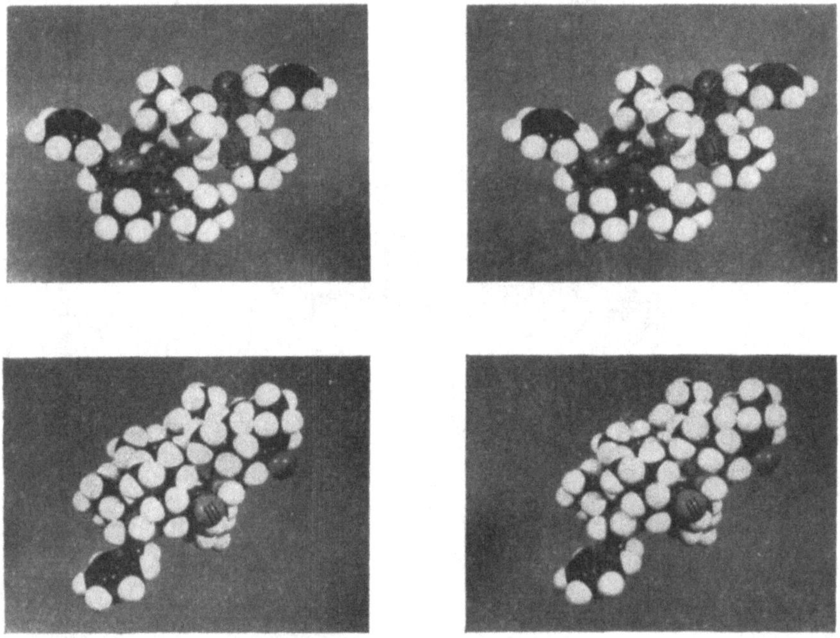

Und archaisch wie die alten Synthesemuster wirken auch die Hydrophilie/Hydrophobie-Sortierungen in der molekularen Prägung ihrer Produkte.
Gramicidin S in CPK-Kalottendarstellung

unterzubringen (z. B. Polymerasen, das Übersetzungssystem, Kontrollfaktoren, Stoffwechselenzyme). Nach der Nucleation muß das System sehr bald kompartimentieren, denn nur auf diese Weise kann es durch Mutation entstandene funktionelle Verzweigungen ausschließlich zu seinem eigenen Vorteil nutzen und weiterentwickeln.
Generelle Voraussetzung für die Nucleation eines Hyperzyklus aber ist die Herausbildung und die wechselseitige Verständigung innerhalb des Systems über eine Translationsmaschinerie.
Doch für diese Frage enthält die Strukturierung des Kreises keine unmittelbare Antwort. Die gewisse Unverbindlichkeit der Theorie, in ihren generellen Aspekten die große Stärke wird hier in der feineren Durchzeichnung für die Detailerfassung zur Schwäche. Die große Symbolik des Hyperzyklus deutet seine cause/effect-Vernetzung nur vieldeutig an, die große Kontur bleibt abstrakte Richtungs-Formulierung ohne durchschaubare Inhaltsstrukturierung.

Wir wissen einiges über mögliche Nucleinsäure/Nucleinsäure-Wechselwirkungen und unser Unwissen über Replikations- und Polymerase-Mechanismen glauben wir von fern erahnend noch mit den im Prinzip faßbaren und durchschaubaren sich anbietenden strukturellen Extrapolationen überdecken zu können. Wir haben einiges gelernt, was Enzymkatalysen und andere Dynamikfunktionen betrifft. Und wenngleich auch hier

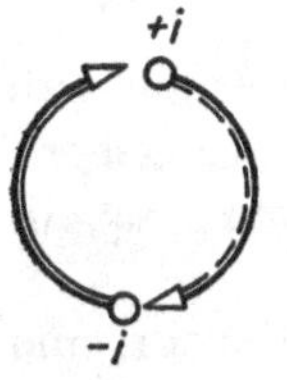

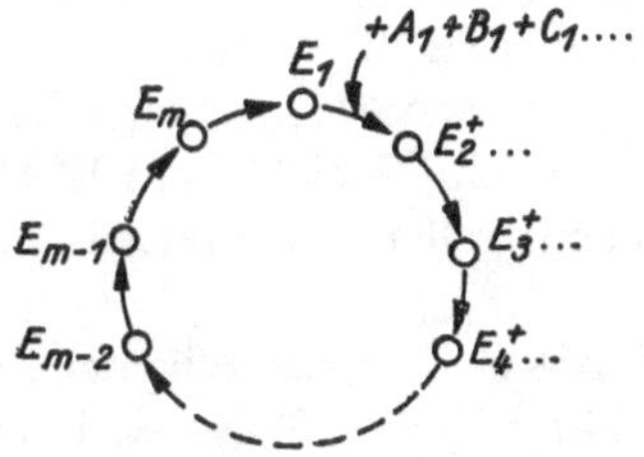

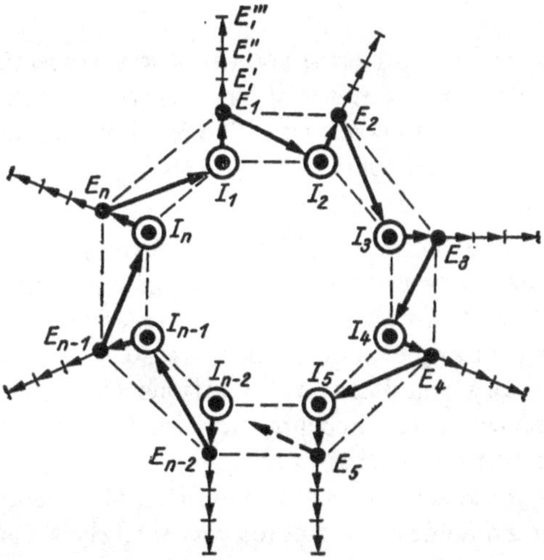

Unabhängig aber von allen Schwierigkeiten der vereinfachenden Beschreibungen, der abstrahierenden Unterdrückung von RNA-Katalyse- und Proteininstruktions-Ambitionen und -Potenzen:

Bleibt die evolutionär krönende Zusammenschau der Struktur/Funktionalitätenmuster im Abstraktionssystem des „Hyperzyklus“:

Die zyklischen Graphen von Nucleinsäureinstruktivitäten und Proteinkatalysen in der Übereinanderprojektion zur neuen Qualität des „selbstinstruktiven katalytischen — damit aber auch selbstreproduktiven — durch ein System nichtlinearer Differentialgleichungen beschreibbaren Hyperzyklus nach M. Eigen [8].

Jeder kleine Zyklus repräsentiert die selbstinstruktiven Eigenschaften eines I_i-Kollektivs mit jeweils komplementären Strängen. Die von den I_i codierten E_i stellen katalytische Funktionen dar. Jede Verzweigung kann zwar mehrere Funktionalitäten ausspielen, eine davon aber muß die Kopplung zum Informationsträger I_{i+1} herstellen.

Der zyklische Graphenkomplex muß in sich rückkoppelnd geschlossen werden. Eine Funktionalität E_n muß die Bildung von I_1 verstärken.

unser Wissen sich in Unendlichkeiten verliert, die Matrizenenzymfunktionen eines Proteinsyntheseapparates ohne Nucleinsäuren scheinen immerhin unserem Verständnis noch nahe. Doch zu vielgestaltig und zu mannigfaltig erscheinen Protein/Nucleinsäure-Wechselwirkungen als daß der Weg zur Erkenntnis grundlegender Gesetzmäßigkeiten innerhalb dieser Hierarchie schon vorgezeichnet, geschweige denn erkennbar wäre, und noch viel scheint uns an simpler Erarbeitung von experimentellen Tatsachenmaterial bevorzustehen, ehe wir für dieses komplexe Zusammenspiel Verständnis und chemisches Gefühl entwickeln werden.

Die Frage nach der Entwicklung des Codes, der die Frage nach der grundsätzlichen Möglichkeit von Protein/Nucleinsäure-Wechselwirkungen voranzugehen hat, bleibt deshalb ein Problem voller spekulativer Stimulierung aber ohne sachlich fundierte Beweise.

Zwei Möglichkeiten einer gegensätzlichen Zuordnung bieten sich an, und Crick formulierte sie aufgehängt an der Frage nach der Absolutheit des Codes, so [29, 30]:

"Two extreme theories may be described to account for this, though as we shall see, many intermediate theories are also possible".

1. The stereochemical theory
   This theory states that the code is universal because it is neccessarily the way it is for stereochemical reasons — That is, it states that Phe has to be represented by UUU/C, and by no other triplets, because in some way Phe is stereochemically "related" to these two codons. There are several versions of this theory.
2. The frozen accident theory
   This theory states that the code is universal because at the present time any change would be lethal, or at least very strongly selected against. This is because in all organisms ... the code determines the amino acid sequences of so many highly evolved protein molecules that any change to these would be highly disadvantageous unless accompanied by many simultaneous mutations to correct the "mistakes" produced by altering the code. This accounts for the fact that the code does not change. To account for it being the same in all organisms one must assume that all life evolved from a single organism. In its extreme form, the theory implies that the allocation of codons to amino acids at this point was entirely a matter of "chance".

Eigens Theorie toleriert dies alles und diskriminiert zwischen den einzelnen Möglichkeiten nur unscharf. Sowohl die Theorie spezifischer Nucleinsäure/Protein-Wechselwirkungen — mag der einzelne Codon oder vielleicht auch Anticodon seine spezifisch zugeordnete Aminosäure erkennen, mag diese Erkennungsstruktur in den Spalten der benachbarten Doppelhelixbereiche lokalisiert sein oder mag gar die Tertiärstruktur weiter entfernt liegender proto-RNA-Abschnitte der eigentliche Erkenntnispartner sein — wie auch die Theorie der zufälligen und von da an durch die Schnelligkeit der Selektion eingefrorenen Zuordnung dürften einer grundsätzlichen Gesetzlichkeit untergeordnet worden sein, die unabhängig von den tatsächlichen Zuordnungen beide in gleicher Weise dominiert:

Die Eigensche Antwort geht auf die Entwicklung des eingangs vorgestellten Wertkonzepts im Rahmen der Stabilitätskriterien der nichtlinearen irreversiblen Thermodynamik von Prigogine und Glansdorff zurück. Für jedes sich selbst organisierende System mit Selektionsverhalten führt das Auftreten neuer Populationen mit höherem Selektionswert zu einer allgemeinen Instabilität des Gesamtsystems. Unter Zusammenbruch des alten stationären Zustands entwickelt sich ein neuer, der eine weitere Strecke vom Verhalten des Gefüges mit höherem Selektionswert geprägt wird, bis auch diese Population in einer verbesserten Speciesart ihren Nachfolger findet. Da Information in diesen molekularen Bereichen ihre Bedeutung nur durch entsprechende funktionelle Korrelation finden kann, Nucleinsäuren mit ihren inhärenten Voraussetzungen zur Selbstorganisation zum Aufbau einer hohen Informationskapazität der Ergänzung durch katalytisch wirksame Kopplungsfaktoren mit ausgeprägtem Erkennungsvermögen be-

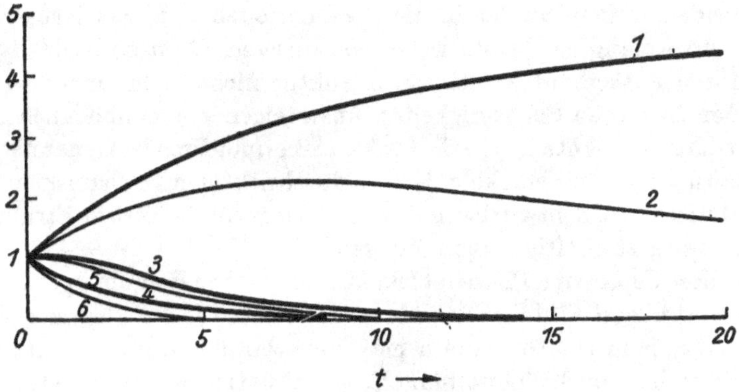

M. EIGENS Evolutionstheorie:
Phänomenologische Differentialgleichungen spielen Evolution.
Selektion in einem System von konkurrierenden Informationsträgern. Darstellung als Konzentration in Abhängigkeit von der Zeit. Schema nach M. EIGEN bzw. P. SCHUSTER [7, 8, 9, 36–38].

dürfen, muß die erste Fluktuation in Gegenwart potenter Kopplungsfaktoren, die zu einer eindeutigen Translation und ihrer rückgekoppelten Verstärkung über einen katalytischen Hyperzyklus hinweg führt, mit ihrem alle anderen Potenzen überspielenden enormen neuen Selektionswert zum Zusammenbruch früherer stationärer Zustände korrelierter Selbstreproduktionen führen. Gleichgültig ob diese Nucleation eines derartigen funktionellen Korrelats in den Extrema vom völligen Zufall oder von strenger stereoelektronischer Zuordnung geprägt ist, oder aber ob – was im Grund wahrscheinlicher ist – auch hier die Wahrheit irgendwo dazwischen zu suchen ist –, diese Nucleation, die man als den eigentlichen Ursprung des Lebensprozesses bezeichnen kann, erscheint als ein unvermeidliches Ereignis, solange die günstigen Startbedingungen eines vom System verwertbaren freien Energieflusses über einen ausreichend langen Zeitraum aufrechterhalten werden können.
Das „Primäre Ereignis" ist dabei nicht einzigartig, die Universalität des Codes und damit der Nucleinsäure/Aminosäure-Zuordnungen ergibt sich im wesentlichen als Folge des nichtlinearen Selektionsverhaltens. Und doch möchte auch EIGEN innerhalb des Evolutionsprozesses, der nach seinen Worten auf molekularer Ebene ein Spiel ist, in dem der Verstand des Spielers durch den Selektionsinstinkt der Speciesarten für Vorteile innerhalb zufällig auftretender Ereignisse ersetzt ist, den Zufall insofern etwas gemindert sehen als "any specific interaction between a codon (or any inherently codon-linked structure) and an amino acid – whenever it is present – may enhance

the probability for an otherwise undirected start of translation" [7–9, 36–38, 40 to 42].

Doch wie um alles in der Welt könnte „die" spezifische Wechselwirkung ausgesehen haben, die – wann und wo auch immer möglich – die Wahrscheinlichkeit für einen auch rein zufällig denkbaren Start der Translation beträchtlich vergrößert haben muß? [1–6, 12, 20–22, 26–35, 39, 46–79, 82–142.]

Die Symbolik des Hyperzyklus – Abstraktion einer in die statische Ebene projizierten dynamischen Helix entläßt uns an dieser Stelle, da wir mit diesem schönen Bild uns nicht bescheiden wollen, wieder in die Spekulationen und das Suchen des Anfangs. Und in diesem Anfang ist die statische, von unserem Geist so leicht dynamisch interpretierbare und auslegbare Nucleinsäurestruktur nicht mehr unbedingter Wegweiser. Wir erkennen in diesen Schwierigkeiten unser eigenes augenblickliches Unvermögen, statische Strukturelemente in geistig funktionelle molekulare Dynamik zu übersetzen. Das base-pairing und base-stacking, jene so durchsichtigen Mechanismen verschwimmen in der katalytischen Unentwirrbarkeit von Nucleoprotein-Tertiär-Strukturen zu einem Aufgabenkomplex zukünftiger Bemühungen.

Woese hat diese depressive Phase molekularbiologischer Bemühungen sehr schön in den Worten charakterisiert [79]:

"Biology to day is in the throes of a major conceptual upheaval. Although this is not generally recognized by biologist himself, the situation should be clear enough to the historian. Molecular biology has been the guiding influence in biology for the past two decades or so, but the ethos it generated is now effectively spent. Molecular biology no longer gives the science a creative directed thrust. Symptoms indicative of "conceptual malaise" are there. The molecular biologist proclaims the millennium – all fundamental problems are now solved; what remains is the working out of details – The similarity between this and Lord Kelvin's famous assessment of the state of physics near the turn of the century is remarkable – Many if not most of the noted molecular geneticists are casting about for "new directions" – this despite the fact that some basic questions in genetics have yet to be succintly framed, not to mention answered. ... As the historian knows, these symptoms all characterize an ethos that can no longer sustain the advancement of a science.

At this point the reader may wonder why I have chosen to introduce the genetic code in such a way. What has it to do with these considerations? Answer: – It is an important facet of this very problem. Not only does one's approach to the genetic code – how one defines it, which of its aspects are recognized as important etc. – turn upon one's basic view of biology, but, if I am correct, the genetic code is one of the areas in biology that will play a major role in creating a new, productive view of the science".

Und als Angebot eines Modells:

"The origin of the genetic code is not merely an evolutionary juggling of codon assignements until some optimal configuration is achieved. It is, rather, the more interesting and profound problem of how codon assignments arose. This is part and parcel of the origin of a translating mechanism. A plausible scheme for the evolution of translation starting from a simple class of nucleic acid components is presented" – es wird uns gleich noch beschäftigen – "Such an evolution may appear unique, idiosyncratic, when viewed only in terms of structural details. However, in its general features, on a more fundamental level, this evolution is a prototype study in the refinement of a process, in the emergence of macroorder. In approaching the evolution of the genetic code the bio-

logist will be forced to reexamine many of his fundamental prejudices, indeed, the meaning of biology itself".
Versuchen wir also immerhin in einem Chaos möglicher Hypothesenangebote einige potentiell tragfähige Positionen aufzufinden — eingedenk der Tatsache, daß manches mit Notwendigkeit überholt und gewandelt sein wird, wenn der Leser diese Meditationen durchstreifen wird.

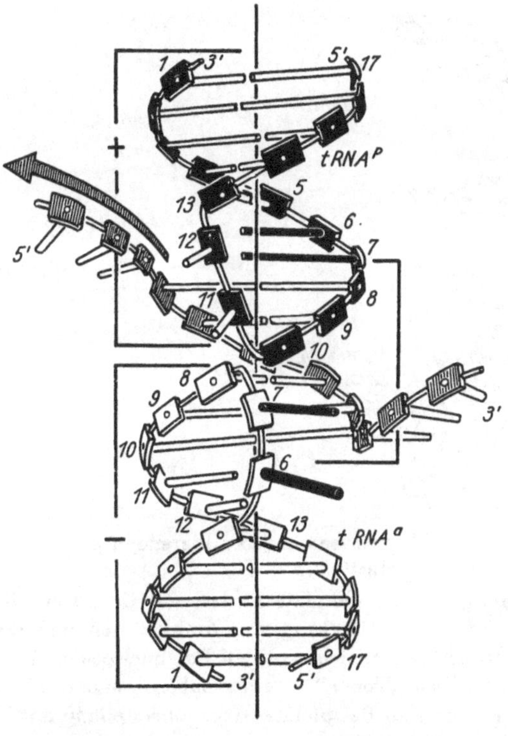

Translationskomplex nach C. R. Woese [79] — mögliches Urbild einer primitiven „sperrklinkenregulierten" praebiotischen Ribosomenmaschinerie. Die Fortbewegung des messengers erfolgt durch wechselseitige Schleuderbewegungen der Konformationsumorientierungen zweier gegenständigen Ur-tRNA-Anticodonloops.
Neueste Röntgenstrukturbefunde zu den Regelkomplexen heutiger tRNAs nach A. Klug u. Mitarb. [91] könnten die Hypothese stützen.

Da gibt es, „neckischerweise" möchte man fast sagen, inzwischen sogar ein Modell einer nahezu direkten Zulieferreaktion — ausgehend von praebiotischen anorganischen Matrizen und ihren organischen Gastmolekeln — direkt in den Nucleoproteinhyperzyklus hinein [8, 50, 51—53, 54—56].
Aufbauend auf template Reaktionen von Schramm und Orgel an Nucleinsäuren sowie frühen Proteinkondensationsmechanismen — von Schramm und Fox vorgestellt — hatte sich der Arbeitskreis um Katchalsky zur Aufgabe gemacht, entgegen den eher hydrophoben Milieubedingungen der obigen Autoren ein System ausfindig zu machen, welches einen Start im wäßrigen Milieu ermöglicht. Sie fanden, daß Montmorillonit,

eine besondere, außerordentlich quellfähige Tonart, sowohl Adenylataktivierungen von Aminosäuren ermöglicht, wie auch — ausgehend von derartigen aktivierten Aminosäuren und ATP — darüberhinaus in einem pH-terminierten, oszillierenden template-Katalysemechanismus die Erzeugung von Spektren, von Polypeptiden diskreter Kettenlänge in Gang setzt, und damit schon erste Selektionen auf einer unterribosomalen Ebene vorwegnimmt. Sie verbanden diese Befunde mit der zunächst nicht beweisbaren

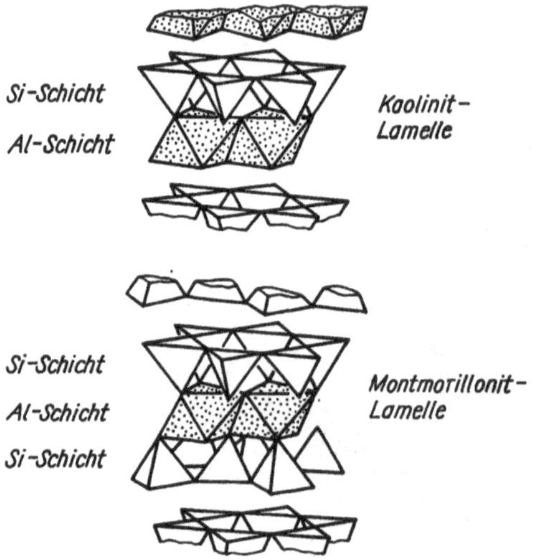

KATCHALSKYS faszinierende Hypothese einer oszillierenden präbiotischen template-Zulieferreaktion zum „Hyperzyklus" [53].
Montmorillonit als anorganisches template fördert auf Grund spezifischer Stereoelektronikmuster die Adenylataktivierung von Aminosäuren und ihre Paketpolymerisation zu Polypeptiden — vielleicht auch zu Polynucleotiden?!
Montmorillonit ist unter den „Tonen" — einer nahezu unübersehbaren Variantenpalette — etwas besonderes. Das Beispiel der Gegenüberstellung mit Kaolinit offenbart seine specifica:
Kaolinit (oben) bildet bilayer aus Al- und Si-Schichtungen. Diese bilayer sind untereinander durch H-Brückenvernetzungen stabilisiert. Montmorillonit (unten) andererseits zeigt triplelayer, in denen eine Al-Schichtung sandwichartig zwischen zwei Si-Lagen gelegt ist. Die Si-layer sind untereinander nicht besonders verklebt. Ihre besondere Stereoelektronikübereinstimmung mit Wasser-Eisstrukturierungen führt in wäßriger Lösung zu einer Aufnahme beträchtlicher inter-Si-layer-Wassermengen. Es kommt zu starken Quellvorgängen innerhalb der Montmorillonit-Matrix. Schema nach W. GOOD [56]

Spekulation, daß möglicherweise das gleiche System unter geringer Milieuvariierung evtl. in der Lage sein sollte, wechselweise Polypeptide und Polyribonucleotide — die beiden Vorläufersysteme der ribosomalen Maschinerie in einer wechselseitig-abhängigen praebiotischen Zubringerreaktion zur Verfügung zu stellen:
"If our concept were true" so formulierten sie es, "we could say they were both formed at the same time by a common precursor on heterogeneous catalytic surfaces, maybe by some reciprocal regulating feedback mechanism. The possibility of having polynucleo-

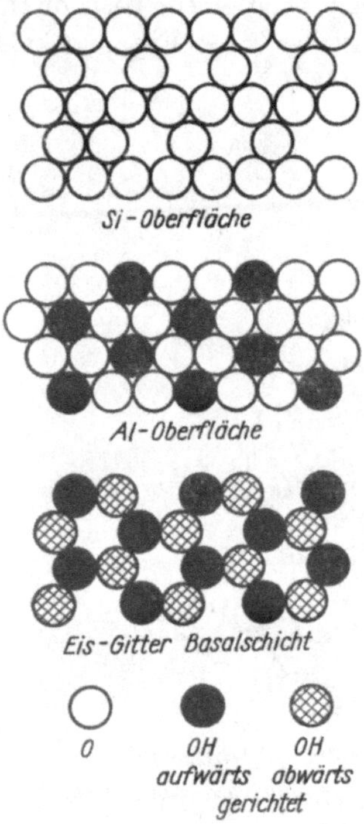

Passungen von Montmorillonit- und Eis-Matrix in ihren Oberflächenschichtungen nach W. Good [56].
Etwa 4/5 der nach außen gerichteten H-Brücken der Wasser-Eismatrix finden in Oberflächen-O-Atomen des Montmorillonits ihren Acceptorpartner.

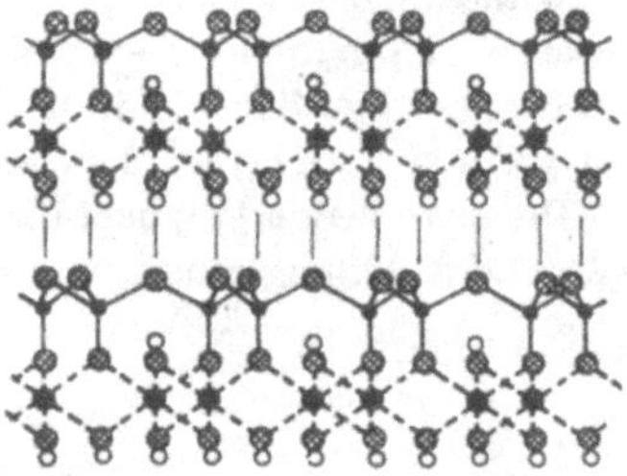

Dasselbe noch einmal in Valenzdarstellung nach U. Hofmann [50].
Bilayer des Kaolinits — mit H-Brücken paarweise vernetzt.

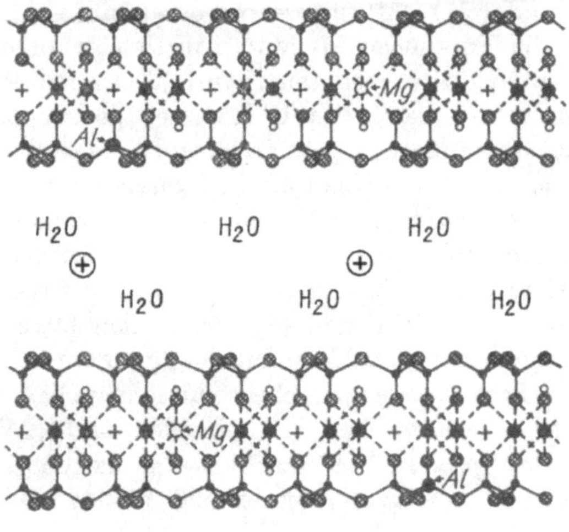

Triplelayer-System des Montmorillonits — Wassermoleküle schieben sich in breiten Schwarmmustern zwischen die einzelnen — untereinander schlecht fixierten — Tripellagenpakete.

tides and polyamino acids generated together could then be the basis of the molecular selection leading to information-rich macromolecules". — Ein molekulares Modell erster dissipativer Strukturfolgen — wenn man so will.

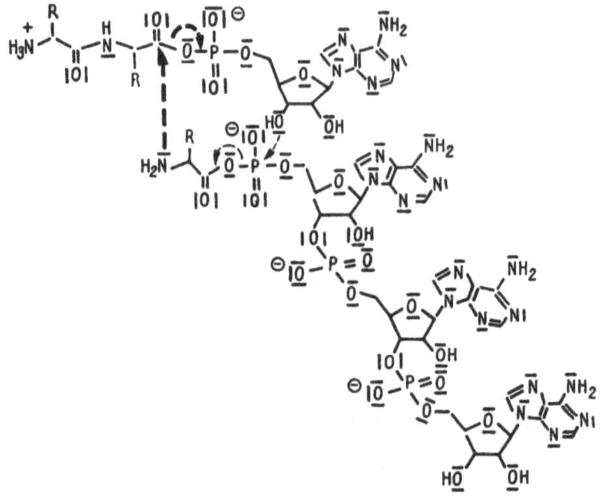

KATCHALSKYS Nucleoprotein-Synthese-Hypothese nach M. CALVIN [5].
KATCHALSKYS template-Polypeptidsynthese wird durch die Deprotonierung einer Aminosäure-Ammonium-Gruppierung durch die Montmorillonit-Matrix initiiert. Die nunmehr nucleophile Aminofunktion greift die Adenylat-aktivierte Carboxyl-Funktion einer Nachbar-Aminosäure an. Die einsetzende Polypeptidsynthese führt zu einem diskontinuierlichen Molekulargewichtsverteilungsmuster der resultierenden Polypeptide.

Inwieweit sich diese reizvolle Hypothese bestätigen läßt, werden in Kürze Experimente offenbaren, die möglicherweise dadurch nicht reizloser werden könnten, daß die Rolle der anorganischen Matrix für die Polynucleotidbildung durch eine in der Parallelreaktion gerade erzeugte Proteinmatrix übernommen wird. Das erste Folgeprodukt eines anorganischen Matrizenprozesses, das selbst in Matrizenoperationen nicht nur mit Hilfe oszillierender feedbacks seine eigene Synthese an- und abschalten kann, sondern mithin auch in der Lage ist, im eigenen Überfluß die Synthese der willkommenen und selektiv gewünschten Partnerstrukturen der Nucleinsäuren zu stimulieren und — wie jüngste Ergebnisse zeigten — diskriminierend zu manipulieren. Ist das nicht schon in molekular präbiotischer Prägung die Vorwegnahme komplexer Organismenregelhierarchien, vielleicht ein verlockendes Feld zum experimentellen Durchsuchen und zu geistiger Orientierungspfadfinderschaft? Daß Proteine das unter Umständen zuwege bringen, das zeigte die Schule um Fox, die aus ihren ebenso umfangreichen, wie geistvoll anregenden und stimulierenden Arbeiten über „Proteinoide" und „Microspheres" inzwischen fast eine Ideologie des „protein-first" machte — im harten Streit mit den Vertretern eines „nucleic acid-first" wie KUHN, ORGEL und WOESE. Derartige Proteinoide — unter gemeinsam präbiotischen Bedingungen in einem Reagenzglas, welches abkühlende Lavaschichtungen zu simulieren beabsichtigt, entstanden — bisweilen als „denaturierte Proteinimitationen“ verketzert — sehen optisch phänomenologisch nicht nur ersten frühen Mikrofossilfunden täuschend ähnlich, vermögen nicht nur in einem Protozellvorläuferdasein frühe Replikations- und Austauschformen von Zellwechsel-

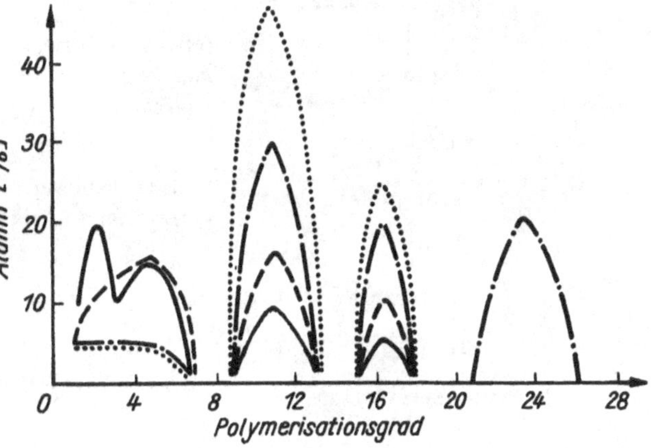

Molekulargewichtsverteilungspakete von Polyalaninen in einer Montmorillonit-template-Reaktion von Alaninadenylat. Schema nach A. KATCHALSKY [53].
Sie ist damit ein Fall dissipativer Strukturen, basierend auf der Kopplung von Diffusions- und chemischen Flüssen:
Während der Polymerisation wird nämlich Adenylsäure frei. Die lokalen pH-Verschiebungen verhindern in diesen Bereichen die Initiierung der Gesamtsynthese durch die Deprotonierung der Aminosäure-Ammoniumfunktion. Ein Puls von Polykondensationen produziert somit seine eigene Unterbrechung, die so lange andauert, bis die erzeugte Adenylsäure wegdiffundiert ist und einen neuen Polykondensationspuls freigibt. Die oszillierenden Unterbrechungen durch die eigenen Reaktionsprodukte paketieren die Molekulargewichtsverteilungen der Polykondensate.
Und vielleicht gibt — so spekulieren KATCHALSKY u. Mitarb. — das Oszillieren der pH-Muster unter bestimmten Bedingungen den Weg zur wechselweisen Schaltung des Oszillators in Richtung Polypeptid- bzw. Polynucleotid-Synthese frei (vgl. nebenstehendes Schema).

wirkungen getreulich und verblüffend analog zu simulieren, viele Eigenschaften der späteren Proteine zu imitieren, sie bringen auch, zumeist wohl auf Grund durchaus nicht regelloser Zusammensetzungsmuster, erste aber überzeugende Katalysen zuwege, die über Hydrolyse-, Decarboxylierungs-, Aminierungs- und Desaminierungs-Reaktionen Proteinmechanismen bis hin zu eben jener oben erwähnten Polynucleotidsynthesekatalyse auf Basis von Aminosäureadenylaten und ATP ermöglichen. Sie vermögen schließlich schon Nucleinsäuren primitiv zu diskriminieren, und ihre Kooperativen mit Homopolyribonucleotiden fördern Polykondensationen von adenylataktivierten Aminosäuren unter Codongesichtspunkten.
Was wunder, wenn diese beeindruckende Simulationslandschaft unter der Devise des „protein-first“ — der großen Familie die ursprüngliche Bedeutung des Namens wieder

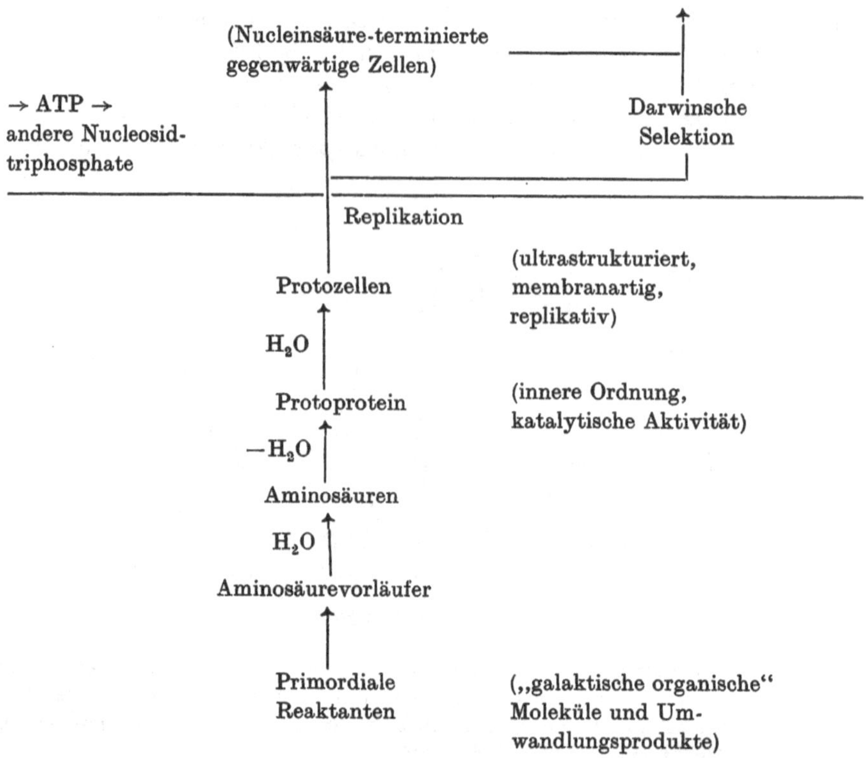

S. W. Fox — die Evolution — und ganz gewiß das „protein first" [57—59, 61—66 73—74].
Der Stammbaum der Evolution des „protein first" nach S. W. Fox [73] — ein Kapitel Foxscher „microspheres".

zurückgebend — die Autoren dazu veranlaßt, einen Entwicklungsweg eigener Konzeption vorzustellen, der Aminosäuren auf Lavastücken zu Protoproteinen in Grenzen repetitiver Zusammensetzungsmuster verschmilzt, sie in gewissen Strukturierungen in die phänotypischen Artenlandschaften der Proto-Zellhierarchien aufsteigen läßt, die sich zur Verbesserung ihres evolutionären Daseins den späteren Begleiter in Form katalysierter und zusammensetzungsmanipulierter Polynucleotidsysteme heranziehen, die unter Darwinscher Selektion zu den Nucleinsäure-terminierten heutigen Zellmustern evolvieren, in der Ähnlichkeit zwischen „microspheres" der Proteinoide und den „Koazervaten" Oparins gleichzeitig noch einmal auch eine Ehrung für den Pionier der Evolutionsbetrachtung überhaupt, der in den zwanziger Jahren in der jungen, im Aufbruch zu neuen Horizonten befindlichen Sowjetunion die große Evolutionsidee, an der heutige Forschergenerationen herumbasteln und herummalen, in einer großen individuellen Sicht vorwegnahm [1—3, 57—74, 87—90].
Doch kehren wir zur Weisheit des Hyperzyklus zurück, der seinen oder seine Zubringer nicht mehr offenbaren will, der sie vergessen hat in der Selbstgefälligkeit seiner in dynamische Asymmetrien ausbrechenden Symmetriehierarchie, und der sich vielleicht ihrer auch nicht mehr erinnern kann, weil er von Anfang an nicht mehr unterscheiden

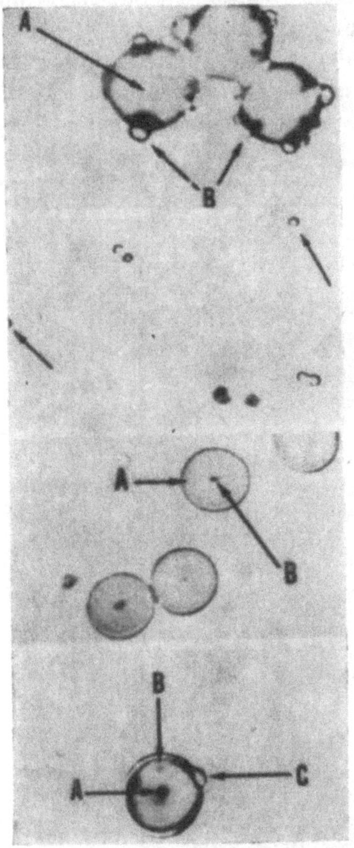

Microspheres, Proteinoide, Pro einaggregate in präbiotischer Simulation — und sie ,,können einiges'':

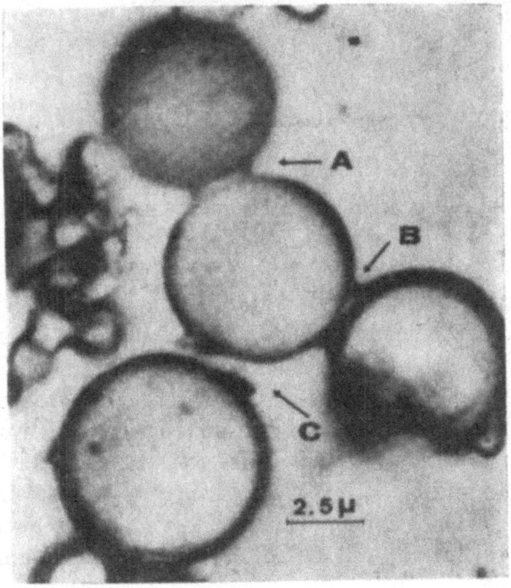

Vermehrung der verblüffend zellähnlich aussehenden Gebilde durch Knospungen und heterotrophes Wachstum.

konnte, ob er und die späten Nachfahren seiner Ausgangskonzeption eher mit Fox den Proteinen oder mit Orgel und Woese den Nucleinsäuren den „Ei"-Preis des ungelösten Problems zuerkennen sollten. Malen wir gegen das „protein-first", um die abstrakte formale Symmetrie des Kreises ins Gedächtnis zurückzurufen noch etwas vom „nucleic acid first", um zu erkennen, wie ungezählt viele Aus- und Eingänge dieser „Kreis" tatsächlich haben kann.

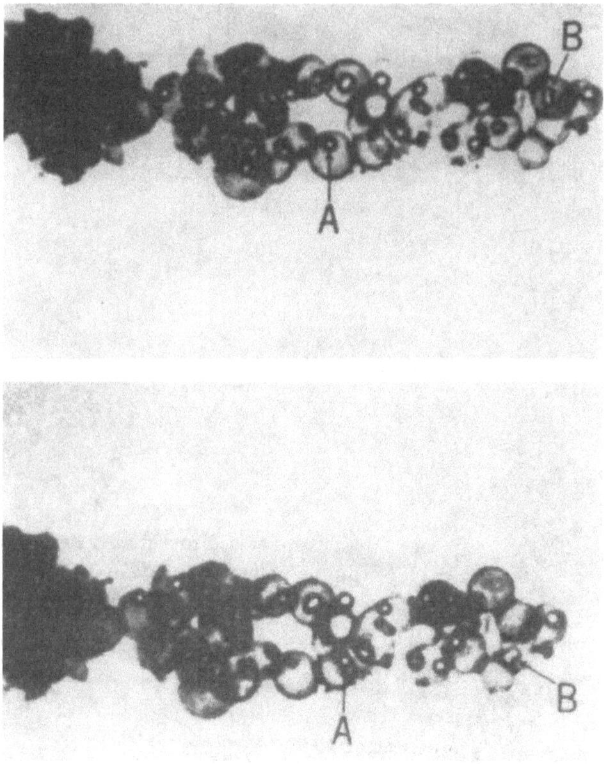

Verbindungsmöglichkeiten zwischen den microspheres.

Dieses „Gemälde" führt uns gleichzeitig noch einmal zurück zum Problem der Sicht der Dialektik, der natürlichen Operationsweise des großen Prozesses und unserer gedanklichen und darauf gegründet experimentellen Simulation. Es ist das Problem der Absolutheit der Ausgangslagen und der Richtigkeit und Verläßlichkeit unserer abstrakten Zuordnungen. Protein gleich Katalyse, Nucleinsäure gleich Information — nur eine weite Entfernung des Standpunktes läßt diese Vereinfachung der Abstraktion richtig erscheinen. In der nahen Betrachtung molekularer Details zerfließt die Angepaßtheit der Sortierungen in dialektischer Widersprüchlichkeit, und waren wir uns bewußt, daß das „Protein" doch einiges von den Potenzen der Nucleinsäuren umfaßt, die Betrachtung einer einfachen RNA-Struktur — und sie ist wohl gleichzeitig die älteste Daseinsweise der Nucleinsäuren — lehrt uns, daß eine Nucleinsäure auch viel von struktureller Ausprägung und mithin funktioneller Potenz, um nicht zu sagen Ambition eines Proteins besitzen kann. Schon CRICK war das in seinen richtungsweisenden Spekulationen über den genetischen Code und seine Entstehung nicht entgangen. Er hatte es in die treffenden Worte gekleidet, "t-RNA looks like Nature's attempt to make RNA do the job of a protein" verbunden mit der Spekulation, daß t- und r-RNA nicht nur überlebten, weil sie billiger und evtl. Statisten der präbiotisch sich entwickelnden

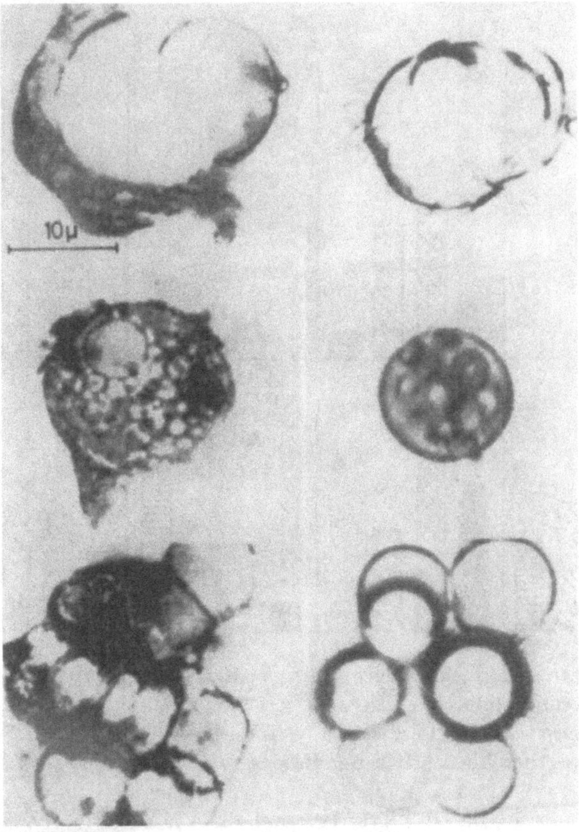

Diese Verbindungen bilden Leitungskanäle für den Transfer von Endopartikeln.
Erste Möglichkeiten eines Informationstransfers?
Frühe Ahnungen von „Endosymbiosen"?
Und sie haben verblüffende morphologische Ähnlichkeiten mit präbiotischen „Vorbildern".
links: Microfossilien
rechts: Proteinoid-microspheres

Maschinerie waren, sondern weil "they were part of the primitive machinery for protein synthesis" [29, 30].

In dieses sich entwickelnde Bild funktioneller Katalyseleidenschaften von Polyribonucleotiden passen nicht zuletzt auch Befunde von SPIEGELMAN an den replikativen Q,β-RNA-Strukturen, einer in DARWINschen Evolutionsexperimenten mit einem Q,βinfizierten *E. coli*-RNA-Replicase-System herangezüchteten Evolutionsspecies. Ihre überraschend große Zahl von intra-Strang-Komplementaritäten läßt anscheinend nicht nur frühe Selektionsformen offenbar werden, günstige Sequenzen redundant zu speichern; sie offenbart gleichzeitig eine nicht für möglich gehaltene Vernetzung von Information und Funktion im kleinen Bereich einer gewöhnlichen RNA-Struktur und damit auch eine beinahe schon gespenstische Verquickung von Geno- und Phenotyp auf unterster molekularer Ebene [76].

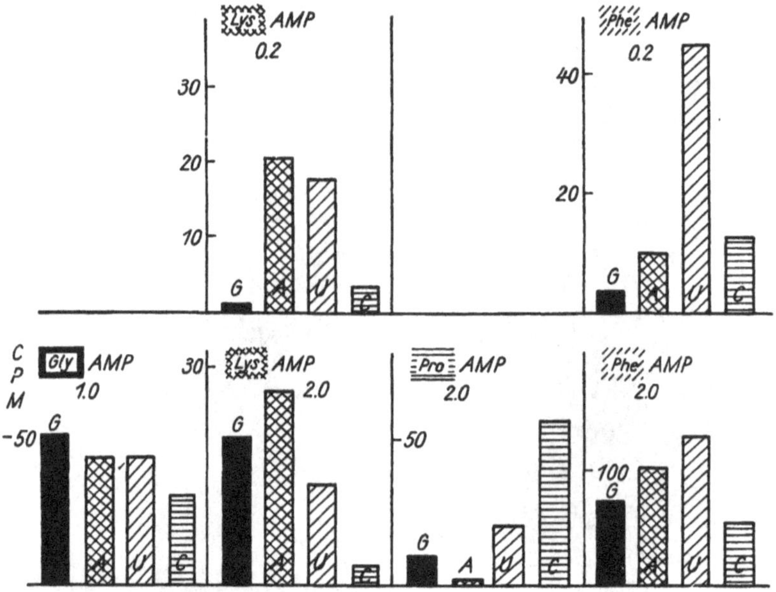

Sie beherrschen schon eine ganze Reihe später recht nützlich zu verwendenden Katalysen — und sie sind — in einer Art früher Ahnungen von Codon/Antidon- und Aminosäure/t-RNA-Zuordnungen — in der Lage, ihre — nach Fox späteren — Nucleinsäurepartner hinsichtlich der Basenmuster diskriminierend in Empfang zu nehmen:
Relative Aufnahme von Gly, Lys, Pro und Phe (in Form ihrer Adenylate) durch Lys-reiche Proteinoide in Gegenwart der durch Buchstaben verdeutlichten Homopolynucleotide. Die Differenzierung folgt ,,codonischen"! Leitmustern.

In Spiegelmans Worten:
"The primary sequence contains a surprising number of intrastrand antiparallel complements; a peculiarity generating the potentiality for extensive secondary and tertiary structure containing antiparallel stems and loops. This possibility would allow these molecules to go beyond their primary sequence and exploit the selective advantages of their two- and three-dimensional consequences: a distinction between genotype and phenotype could thus arise before the primary sequence was used for translational purposes. If as seems, selection operates on secondary and tertiary structure, one can begin to identify the forces that could drive these molecules to greater length and complexity, a necessary prelude to the invention of cells and their components. Further

we will see how complementary copying and antiparallelism could have served to guide the evolution of replicating single strands towards greater structural complexity. With the appearance of the first primitive cell the structural "phenotype" of the gene would become irrelevant as a selection element, and one could afford to store translatable genetic information in the perfectly paired double helix we know to day" [76].
So deutet denn eigentlich vieles darauf hin, daß der bestechend durchsichtige und einfache Translationsmechanismus von Woese nicht gar so unwahrscheinlich ist, und zumindest bis zum Beweis des Gegenteils eine erste tragfähige Ausgangsbasis gedanklicher protoribosomaler Spekulationsübungen sein könnte.

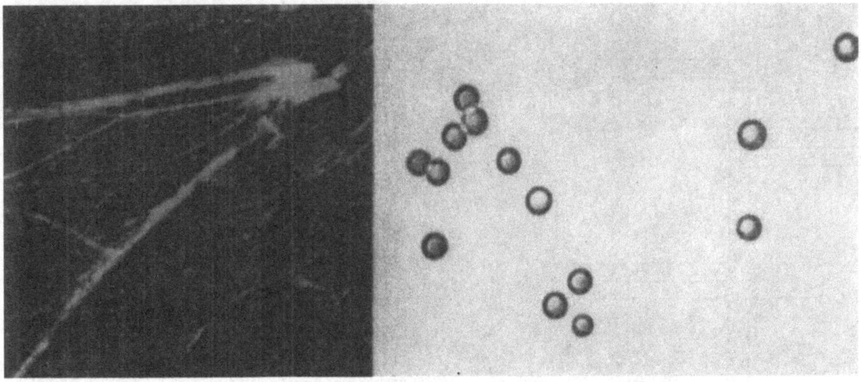

Fast überflüssig festzustellen, daß Proteinoid-DNA/RNA-Komplexe denen der beiden Polynucleotidspecies mit nativen Proteinhüllformen ebenfalls stark ähneln. Links: Lys-reiches Proteinoid mit DNA, rechts: mit RNA. Darstellungen sämtlich nach S. W. Fox u. Mitarb. [73]

Und Woese, der sich vielleicht am eingehendsten über die molekularen Belange den Kopf zerbrach, mag das Schlußwort zu diesem Ausgangskapitel eines alten und dem Anfang eines neuen Weges haben [79]:
Evolving a genetic code is not some idiosyncratic historical accident. It is not a study in particular structures (molecules, codon assignments) and how they change with time. Even viewed simply, the genetic code is a general study in evolving specificity at the macromolecular level. It could be gene replication or any other macromolecular process, all will evolve, increase in specificity, analog the same general lines.
Perhaps the most fundamental consideration to emerge from the study of the evolution of the genetic code will be the real significance of biological specificity. As we have seen, what is called biological specificity is undoubtedly only a static slice through a process, the process of macroorder emerging from a microuniverse. We must view biological specificity not in terms of what is rendered specific, not in terms that make specificity on one level of biological organization totally unrelated to specificity on some other level, but in terms that bring forth the general principles of biological specificity — the hierarchical structure of the macroentities that confer biological specificity on an underlying process, the rules by which biological specificity evolves, the general changes that occur

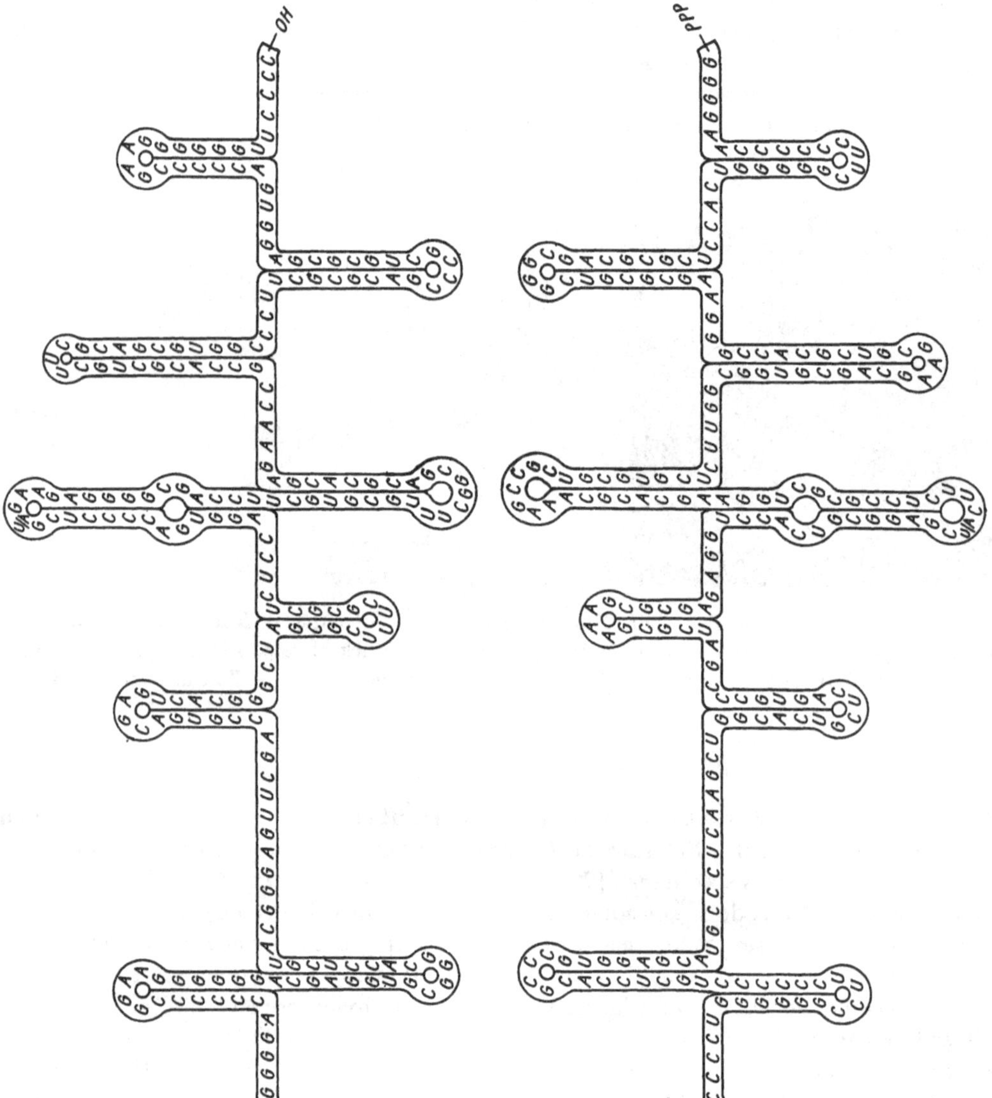

Plus
PPP
OH
Minus
HO
PPP

in the underlying process when incorporated in the macroentity — Clearly the study of evolution of the genetic code will have much to say about the utility of a reductionist view of the universe".

Und WOESE entläßt den Leser mit der Betrachtung, daß innerhalb der Kooperation von bi- bis multistabilen Systemen — man könnte vielleicht synonym hinzufügen: der Domänenkooperation unterschiedlicher Phasenbeziehungen zwischen Stabilitäts- und Metastabilitätsmustern — die Frage nach den strukturellen Ausgangsbeziehungen etwas irrelevant und vielleicht sogar zweitrangig wird.

Vielleicht könnte man es noch etwas anders abschließen: der EIGENsche Hyperzyklus, der eigentlich die eher statische Kreisabstraktion einer dynamisch rückgekoppelten deformierten Spirale ist, nicht nur vergessen hat, wo im einzelnen er entstand, sondern auch in den Hierarchien von Organisationsmustern, im Fluß wandelnder Stereoelektronikkorrelate die Frage nach der Bezugszuordnung seiner abstrahierten Einzelkomponente als eher bedeutungslos empfindet.

Die Natur ging sicher nicht den im Prinzip doch recht unwahrscheinlichen Weg der „frozen accident"-Zuordnung. Sie verließ sich sehr wahrscheinlich auf erste stereoelektronisch induzierte Nucleinsäure/Aminosäure- oder Polynucleotid/Polypeptid-Wechselspiele. Schon einfache Spekulationen in Verbindung mit experimentellen Überprüfungen lassen die ursprüngliche Auslegung des genetischen Codes als eines Katalogs optimierter Aminosäureanpassungen möglichst konservativer Austauschformen im Lichte einer ersten primitiven Näherung nach WOESE unter Zugrundelegung polar/apolarer Wechselwirkungen zwischen Nucleobasen und Aminosäuren aus einer Codon/Anticodonwechselwirkungsposition einfacher und überzeugender erklärbar erscheinen. Die Diskriminierungsfunktionen der Foxschen Proteinoide in Erkennung und teilweise codonartiger Nutzung von Homopolynucleotidsequenzen zur Synthese von Polypeptiden, LACEYS Modell einer Helix/Helix-Zuordnung von Polypeptiden und Nucleinsäurekomponenten auf der Basis von Codonwechselwirkungen, moderne Computerrechnungen, die für die Wechselwirkungen von Aminosäuren, im einfachsten Falle Glycin, eine weitgehende Diskriminierung innerhalb von Basenpaarungen und Basenstacks erkennen lassen, sie alle sprechen wohl zumindest für eine stereoelektronisch

← SPIEGELMANS „Evolutions-RNA" [76].

Züchtung einer für Evolutionsexperimente geeigneten RNA aus Qβ-RNA, Sequenzierung und Evolutionsexperimente nach D. R. MILLS u. Mitarb. [76].

Vollständige Sequenz der komplementären Stränge des Spiegelmanschen „Haustiers" MDV-1 RNA. Schema modifiziert.

Überraschenderweise zeigte die MDV-1 RNA komplexe Sekundär-Tertiär-Strukturmuster.

Evolutionsbedingt wird das Prinzip verwirklicht, günstige Sequenzen redundant, d. h. hier in beiden Strängen zu speichern. Die Folge sind die bemerkenswerten Intrastrangkomplemente.

Eine kleine molekulare Sphinx zwischen Information und Funktionalität, zwischen Selbstinstruktion und Katalyse; nicht das abstrahierende „Entweder/Oder", sondern eher das — allerdings nuancierte — „Sowohl-als-auch". — Kontrapunkt des Solo-Instruktions/Katalyse-Ehrgeizes von RNAs zum LIPMANNschen der Proteine. — Sie konnten „es" „im Prinzip" beide wohl auch allein, zusammen aber wurden sie „zunehmend besser".

UUU	Phe	UCU	Ser	UAU	Tyr	UGU	Cys.
UUC		UCC		UAC		UGC	
UUA	Leu	UCA		UAA	CT	UGA	CT
UUG		UCG		UAG		UGG	Trp
CUU	Leu	CCU	Pro	CAU	His	CGU	Arg
CUC		CCC		CAC		CGC	
CUA		CCA		CAA	Gln	CGA	
CUG		CCG		CAG		CGG	
AUU	Ile	ACU	Thr	AAU	Asn	AGU	Ser
AUC		ACC		AAC		AGC	
AUA	Ile	ACA		AAA	Lys	AGA	Arg
AUG	Met	ACG		AAG		AGG	
GUU	Val	GCU	Ala	GAU	Asp	GGU	Gly
GUC		GCC		GAC		GGC	
GUA		GCA		GAA	Glu	GGA	
GUG		GCG		GAG		GGG	

	U_{II}		C_{II}		A_{II}		G_{II}		
U_I	Phe	5,0	Ser	7,5	Tyr	5,7	Cys	5,5	U_{III} C_{III}
	(Leu)				—		Trp	5,3	A_{III} G_{III}
C_I	Leu	4,9	Pro	6,6	His	8,4	Arg	9,1	
					Gln	8,6			
A_I	Ile	4,9	Thr	6,6	Asn	10,0	(Ser)		
	Met	5,3			Lys	10,1	(Arg)		
G_I	Val	5,6	Ala	7,0	Asp	13,0	Gly	7,9	
					Glu	12,5			

Und die Zukunft hat auch hier schon begonnen — auf der Tagesordnung steht u. a. ein neuer Code, der Aminosäure/Nucleotid- bzw. Polypeptid/Polynucleotid-Code direkter Zuordnung und Erkennung ohne bzw. zunächst ohne enzymatische Zwischenschaltung und Hilfestellung.
Zwei Beispiele für die Vielgestaltigkeit der Ansätze auf diesem Gebiet:
Konventionelles Code-Wörterbuch der Proteinbiosynthese [78] oben und dagegen unten: ein neues Schema, aufgebaut aus experimentell ermittelten „polaren Erfordernissen" der Aminosäuren nach C. R. Woese [79].
Die Evolutionsstrategie des „fail-safe-Systems" optimaler Nucleotidbuchstabierungen von Aminosäuren überlagert mit den stereoelektronischen Erfordernissen von Aminosäure/Nucleobasen-Erkennungen und -Wechselwirkungen. Trotz des überprimitivierten Ansatzes der „polar requirements" schon eine erste Deutung früher Zuordnungen und teilweise verbesserter Interpretationen von Logiklücken des klassischen „fail-safe-Modells".

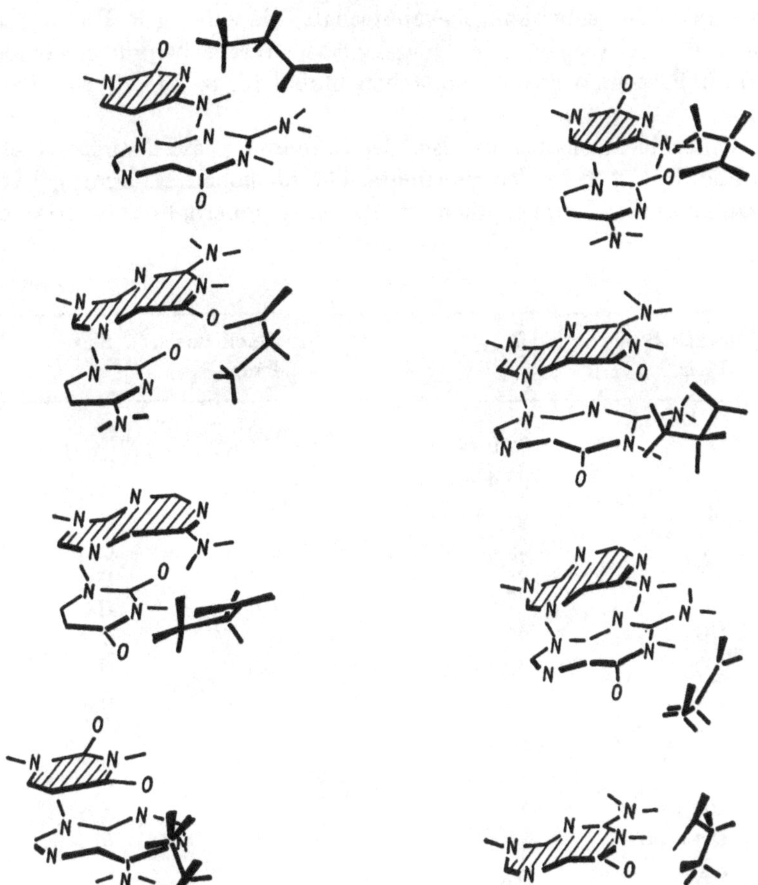

Und was dem Reagenzglas recht ist, ist dem Computer billig:
Ein analoges Problem in der Computersicht nach M. S. RENDELL [75]. Glycin in der „Wechselwirkungsqual der Wahl" mit unterschiedlichen Basenstacks:

überlagerte erste Wechselwirkungsbekanntschaft, die zufällig in Raum und Zeit, aber notwendig aus der Ausgangslage vorgelagerter Wechselwirkungsbereitschaften der beiden großen Partnerstrukturen entstehen mußte [5, 8, 20, 21, 26–79, 82–91, 95, 107–141].

Ein archetyptischer Mechanismus also, der Erkennung und Transportfunktionen, Information und Katalyse in sich vereinigte, der im hohen Rauschpegel erster Erkennungsoperationen nur Gruppenerkennungsprozesse innerhalb „statistischer“ Proteine

Stack-Basen-Paar	E_{total}
GC	92,9
GG	84,9
CC	82,9
CA	78,8
AC	77,3
UG	66,9
GU	61,7
AA	56,3
CG	53,4
CU	48,7
UA	48,0
UC	46,4
GA	44,1
UU	42,7
AG	39,7
AU	35,3

Stack-Basen-Paar	Base	E_{total}
GC	G	58,2
	C	34,7
CG	C	23,8
	G	29,6
CU	C	47,4
	U	1,3
UC	U	1,7
	C	44,7
UA	U	19,3
	A	28,7
AU	A	10,2
	U	25,1
GA	G	45,0
	A	−0,9
AU	A	−1,4
	G	41,4
GU	G	42,6
	U	19,1
UG	U	20,7
	G	46,2

Entscheidet sich nach quantenchemisch gefütterten Computerstrategien für seine „codonische“! Base.

Glycin-Vorlieben für stack-Basenpaare — und vor die Wahl gestellt — für ihre einzelnen Komponenten. Die Computer-interpretierte Liebe zum codonischen „G“ ist unverkennbar. Befunde nach M. S. Rendell [75].

zu leisten imstande war. Erkennungen, die, wie Orgel es sieht, vielleicht eine erste Diskriminierung auf polar/apolarer Basis ermöglichten und damit auf der Grundlage bekannter α- und β-Peptidgeometrien doch erste Hüll- und Katalyse-Zentren aufbauen konnten. Ein Code, der in der Verbesserung des coding und, wo dies an seine Grenzen gelangte, des decoding die Diskriminierung unter immer höherem und sehr bald natürlich nötigen Proteinaufwand in verbesserter struktureller und damit funktioneller Ausgestaltung in immer neue Operationsgenerationen evolviert.

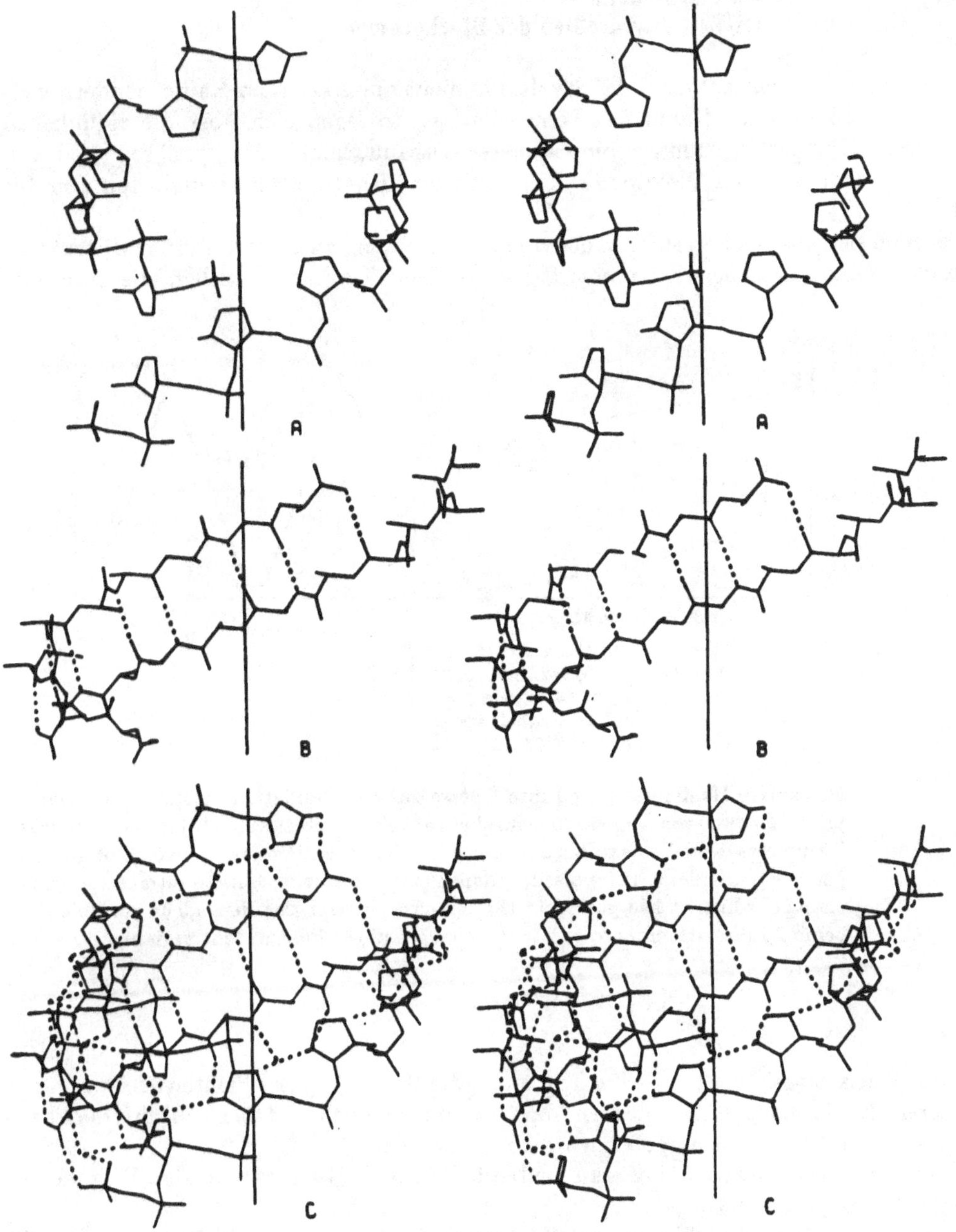

Und Computer beginnen bereits damit, wechselseitige template-Zuordnungen zu modellieren: Nach CH. W. CARTER u. J. KRAUT [95] schmiegt sich die Superstruktur der rechtsgängigen Helix eines antiparallelen β-Polypeptidfaltblatts hydrophob verklebt und H-Brücken-vernetzt in die kleine Furche einer RNA-Doppelhelix – archaisches Modell früher Polynucleotid/Polypeptid-Wechselwirkungen und erster wechselseitiger Polymerasefunktionen. Stereowiedergaben in Strichsymbolik und (vgl. folgende Abb.):

3.2. Kybernetische Modelle — die Raum/Zeit-Hierarchien der Biorhythmen

Sieht man an diesem Ausgang, daß Evolution nicht nur Aktion im Raum, sondern vielmehr Prozeß in einer Raum/Zeit-Dimension ist, so legen sich über die räumlichen Matrizenpassungen agierender biopolymerer Organisationen die synchron und kooperativ evolvierenden Netzwerke hierarchischer Rhythmenabhängigkeiten [96 bis 141].

Löst man sich aus einer zu starken gedanklichen Bindung an heutige stoffliche Struktur/Funktions-Korrelate, so werden eine Reihe von Modellansätzen deutlich, die unter pri-

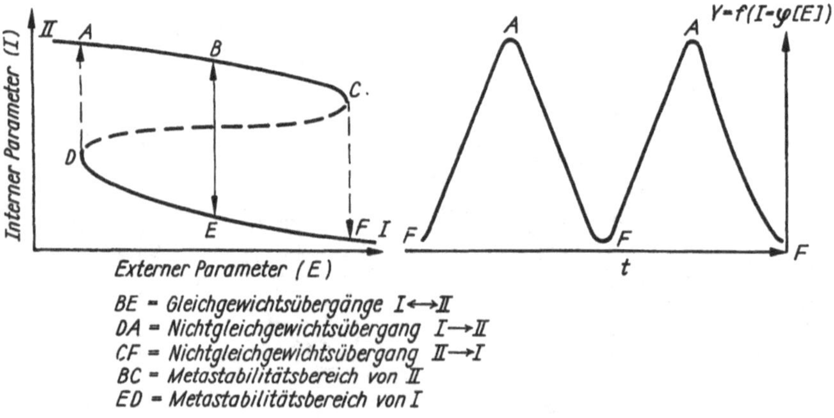

Molekulare Hysterese — und ihre Übersetzung in Oszillationsmuster (den terminus prägte Ewing, von ὑστερέω (nachhinken) abgeleitet. Everett [115] formulierte es so: "A process is said to exhibit hysteresis if, when the direction of change of an independent variable, x, is reversed, a dependent variable, y, fails to retrace the values through which it has passed in the forward process. The dependent variable 'lags behind' in its attempts to follow the changes in the independent variable.")

märer Vernachlässigung stofflicher Komponenten kybernetische Sichten nicht nur auf unseren Evolutionsprozeß, sondern darüber hinaus auch auf schlechthin denkbare „Lebensformen" im uns umgebenden „All" gestatten.

Einen der ersten Ansätze auf diesem heute noch futurologisch anmutenden Weg modellierte Mager [107—109]:

Er versuchte, daß „Instabilitätsmodell" Eigens [8, 38] und das „Fluktuationsmodell" Kuhns [39, 44, 82] mit kybernetischen Stabilitätsmodellen [105] zu kombinieren — auf der Suche nach analogen Entwicklungstendenzen ultrastabiler kybernetischer Systeme mit dem Prozeß der Selbstorganisation unter dem Einfluß innerer und äußerer Störfelder. Unter dem Blickwinkel permanenter Zufuhr von freier Energie, von Fluktuationen und zeitweilig auftretenden inneren und äußeren Störfeldern stellt die Erscheinung der lange unbeachtet gebliebenen molekularen Hysterese in biopolymeren Organisationen — nahegelegt durch eine Fülle an experimentellem Tatsachenmaterial und inzwischen auch schon weitreichenden theoretischen Folgerungen [107—141] — für ihn einen integrierenden Faktor in Organisation und Evolution eines praebiotischen hysteretischen Urpolyelektrolytenpools dar. Während Informationsspeicherung und Kooperation ein kohärentes Verhalten im Raum erzeugen, bildet die zirkular vektorielle Eigenheit der Hysterese mit ihren Möglichkeiten zur Übersetzung biopolymerer Informations/Kooperations-Korrelate in die Oszillationspassungen von Biorhythmenhierarchien eine Ausgangsbasis für kohärentes Verhalten in der Zeit.

Das Modell impliziert damit eine intensive Raum/Zeit-Kopplung von Information und Kooperation von Beginn an und sieht erst in weiteren Entwicklungsphasen — unter den Einflüssen unterschiedlich modulierter äußerer und innerer Störfelder die Möglichkeit, dann aber auch die Notwendigkeit zur Ausbildung gesonderter Kompartimente mit primär informatorischen (langlebige Metastabilitäten) und primär kooperativen (kurzlebige Metastabilitäten) Funktionen. Im weiteren Verlauf der Evolution würde dann die ursprünglich wechselseitige Kopplung der einzelnen Kompartimente zu eher irreversiblen Bezüglichkeiten von Informations- und Funktionstransfer entarten. In den letzten Entwicklungsphasen entläßt sich diese zukunftsweisende Betrachtung in die Raumzeitfelder evolvierender biologischer Organismenhierarchien, die ihre Basis jedoch sämtlich aus einem ehemals omnipotenten hysteretischen Urpolyelektrolytenpool zweifelhafter und im Grunde auch unwichtiger stofflicher Zusammensetzung herleiten.

Gedankenansätze, die schließlich eine Brücke zu den „Bioid"-Modellen DECKERS [101—104] schlagen — mit ihren grundsätzlichen Fragestellungen nach möglichen extraterrestrischen „Lebensformen", die aus offenen kybernetischen Systemen und den Auswahlmöglichkeiten ihrer bi- bis multistabilen Zustände evolvierten, die möglicherweise auch andere Informations/Funktions-Korrelate erreichten als unser „nucleoprotischer" Weg sie in linearer Informationsmatrize und ihrer dreidimensionalen Protein-Funktionsfassung fand.

3.3. Versuch eines Ausblicks

Ein Sonnensystem, vielleicht auch mehr, das eingebettet, in die uferlosen weiteren Möglichkeiten umgebender intra- und inter-galaktischer Bezüglichkeiten Struktur/Funktions-Felder entstehen ließ, die informationscreativ zu Informationsverarbeitung und -optimierung innerhalb eines selektionsterminierten Evolutionsprozesses fähig wurden [1—150]. Ein dynamischer Prozeß — aus der Geborgenheit fester Ordnungshierarchien in die Heimatlosigkeit dialektisch stimulierter Aktionsmuster vorangetrieben, zunehmend fähig, über dynamische Stereoelektronikspiele von hochkomplexen molekularen Makroorganisationen und vielleicht in der integrativen Potenzierung von zahllosen Kollektiven individueller Quantenfelder simulativ und aus der Simulation heraus in einem vielschichtigen Orientierungs- und Wandlungsprozeß auch endlich creativ ein handlungsfähiges Bewußtsein der Dynamik des Prozesses und seiner möglichen aktiven Gestaltung zu entwickeln. Ein großes umfassendes, dialektisch vorwärtsdrängendes und sich erweiterndes Bewußtseinsmuster, das über statischen Weiten der Beharrung in dynamische Aktionen zwischen Raum und Zeit ausbricht.

Die Statik bisherigen Seins in die Dynamik des Gegenwärtigen und Zukünftigen umgesetzt, gedacht, begriffen, mit- und weitergestaltet — ein großartiger Prozeß inmitten

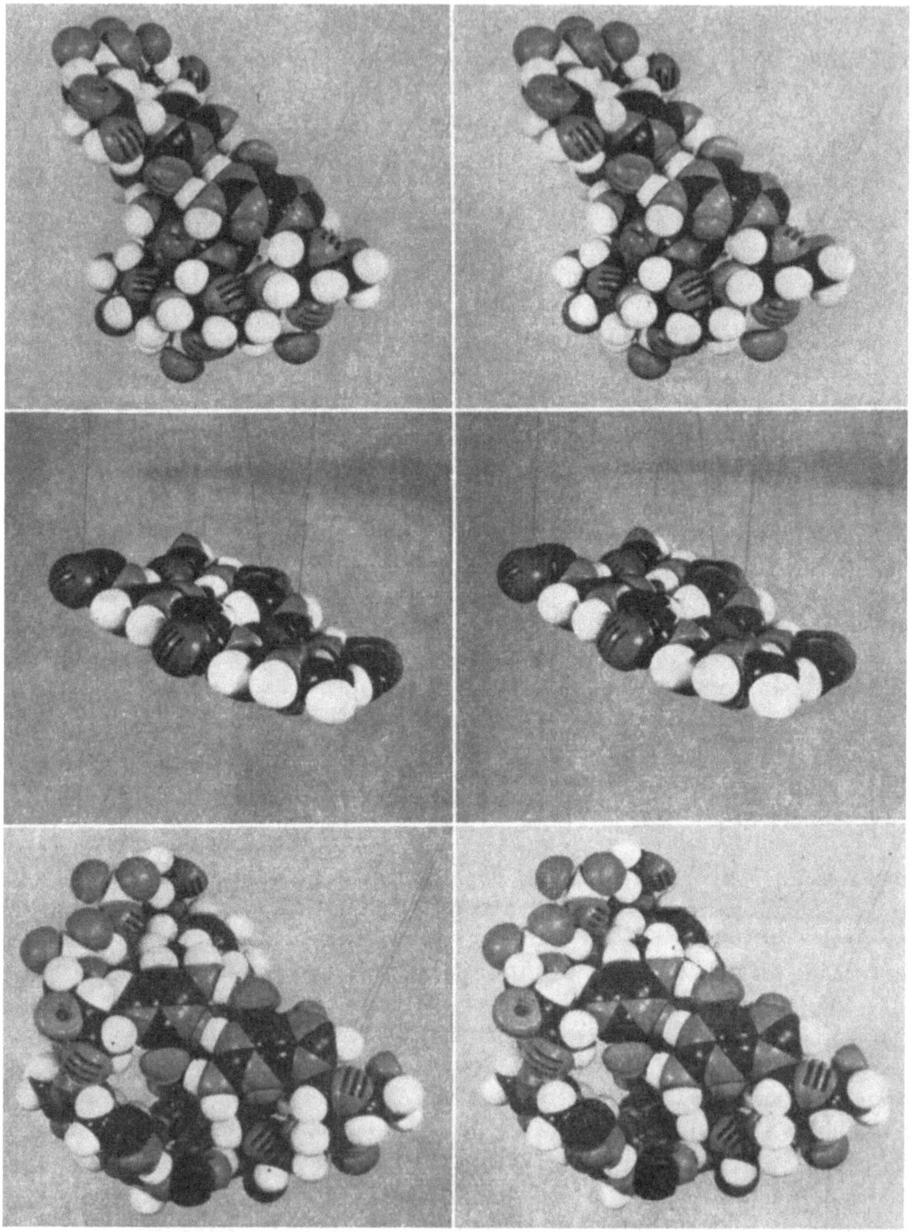

— CPK-Modellen.

der Vergänglichkeit seiner selbst und der Umgebungsstrukturen in einem milliardenfach gelebten und sich erneuernden Optimierungsdrang zu weiten Horizonten aufgebrochen — ist das unser weiterer Weg? Ein Weg, der für die Vergänglichkeiten

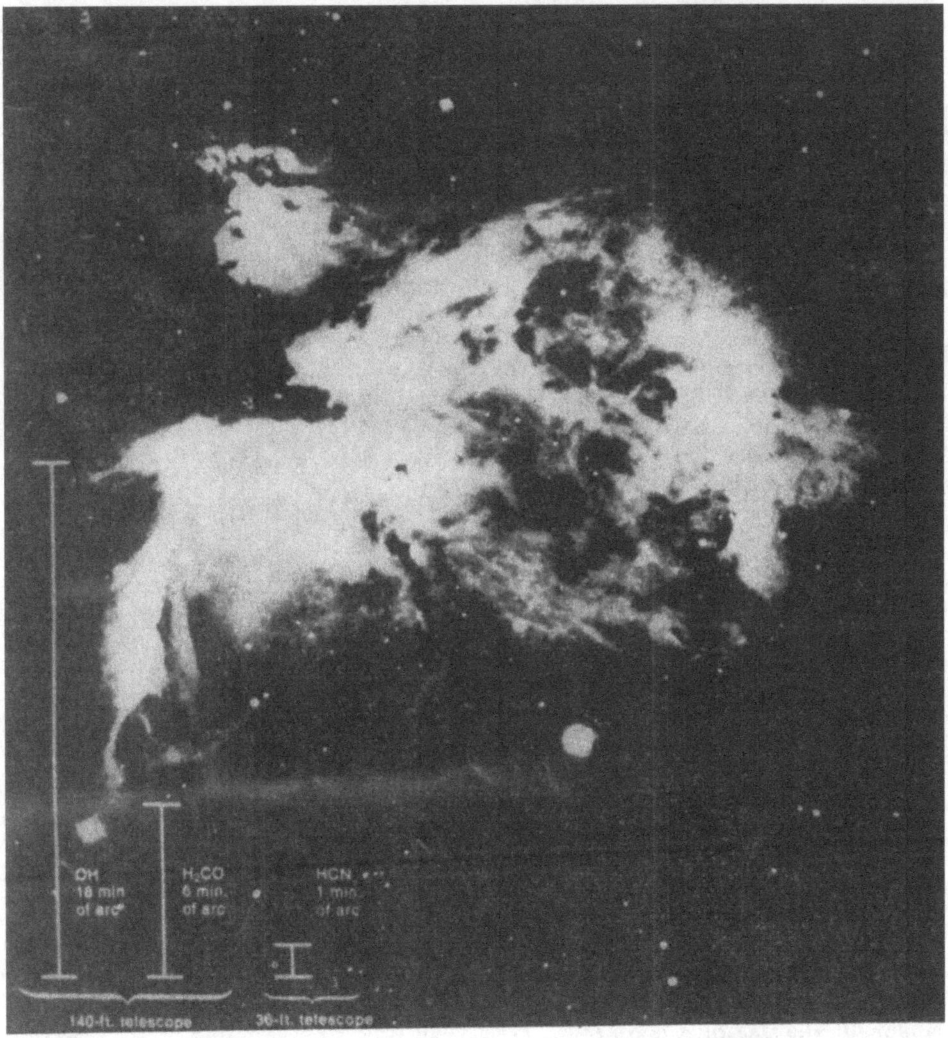

unserer Individualitäten, die Endlichkeit ihrer Bemühungen allein das Ziel sein wird, während der Vektor des integrativen großen Gesamtprozesses über ihn hinaus in ferne Unüberschaubarkeiten zielt.

(Wenn Wittgenstein vor fünfzig Jahren feststellte, daß die Lösung des Problems des Lebens am Verschwinden dieses Problems zu bemerken sei, dann beginnt sich dieses Problem für uns doch wohl erst zu konturieren.)

11.3.4. Literatur*)

[1] DARWIN, C. (1859), "On the Origin of Species" (John Murray London), facsim. ed. Harvard Univ. Press. 1964

[2] OPARIN, A. I., "Origin of Life", Moskau 1924

[3] OPARIN, A. I., "Genesis and Evolutionary Development of Life", New York, Academic Press 1968

[4] CALVIN, M., "Chemical Evolution", Oxford, Clarendon Press 1969

[5] CALVIN, M., Angew. Chem. **86**, 111 (1974)

[6] CHARGAFF, E., Experientia **26**, 810 (1970)

[7] EIGEN, M., Umschau Wiss. Techn. **70**, 777 (1970)

[8] EIGEN, M., Naturwiss. **58**, 465 (1971)

[9] EIGEN, M., Quart. Rev. Biophys. **4**, 149 (1971)

[10] PONNAMPERUMA, C., Quart. Rev. Biophys. **4**, 77 (1971)

[11] "Chemical Evolution and the Origin of Life" (R. Buvet u. C. Ponnamperuma eds.). North Holland Publ., Amsterdam 1971

[12] „Evolution" (J.-H. Scharf ed.). Nova Acta Leopoldina **39/1** (1973)

[13] KAPLAN, R. W., Umschau Wiss. Techn. **72**, 456 (1972)

[14] ALLEN, G., "Chemical Evolution under the Bion Hypothesis" in "Theory and Experiment in Exobiology" (A. W. Schwartz ed.), Wolters-Noordhoff Groningen **1972**, Vol. 2, 3

[15] CONRAD, M., Currents Mod. Biol. **3**, 260 (1970) sowie **5**, 1 (1972)

[16] „Biologische Modelle" (J.-H. Scharf u. G. Bruns eds.). Nova Acta Leopoldina **33** (1968)

[17] OHTA, T., u. M. KIMURA, Nature **233**, 118 (1971)

[18] REIN, R., S. NIR u. M. N. STAMATIADOU, J. theor. Biol. **33**, 309 (1971)

[19] SAGAN, C., J. theor. Biol. **39**, 195 (1973)

[20] LIPMANN, F., Science **173**, 875 (1971)

[21] LIPMANN, F., "Molecular Evolution" (D. L. Rohlfing u. A. I. Oparin eds.). Plenum New York 1972

[22] MAIER, W., u. D. GRÖGER, Pharmazie **27**, 491 (1972)

[23] GRUBER, E., Naturwiss. Rdsch. **26**, 523 (1973)

[24] SCHECHTER, A. N., Science **170**, 273 (1970)

[25] KOLLMAN, P. A., u. L. C. ALLEN, Chem. Rev. **72**, 283 (1972)

[26] WATSON, J. D. u. F. H. C. CRICK, Nature **177**, 964 (1953)

[27] WATSON, J. D., "The Molecular Biology of the Gene". Benjamin, New York 1970

[28] CRICK, F. H. C., "Of Molecules and Men", Seattle London Univ. of Washington Press 1966

[29] CRICK, F. H. C., J. Mol. Biol. **38**, 367 (1968)

[30] ORGEL, L. E., J. Mol. Biol. **38**, 381 (1968)

[31] CRICK, F. H. C., Nature New Biol. **234**, 25 (1972)

[32] SULSTON, J. E., u. L. E. ORGEL in «De la Physique théorique èla Biologie» CNRS **1971**, 109

[33] ORGEL, L. E., Israel J. Chem. **10**, 287 (1972)

[34] USHER, D. A., Nature New Biol. **235**, 207 (1972)

[35] MONOD, J., «Le Hasard et la Necessité» Paris, Seuil 1970

[36] EIGEN, M., Vorwort in J. Monod „Zufall und Notwendigkeit", Piper München 1971

[37] SCHUSTER, P., Chem. i u. Zeit **6**, 1 (1972)

[38] EIGEN, M., „Molekulare Selbstorganisation und Evolution" in „Informatik" (H.-J. Scharf ed.). Nova Acta Leopoldina **37/1**, 171 (1972)

[39] KUHN, H., in „Evolution" (J.-H. Scharf ed.). Nova Acta Leopoldina **39/1** (1973)

[40] PRIGOGINE, I., u. G. NICOLIS, Quart. Rev. Biophys. **4**, 107 (1970)

[41] PRIGOGINE, I., "Structure, Entropy, and Quantum Theory" in „Informatik" (H.-J. Scharf ed.). Nova Acta Leopoldina **37/1**, 139(1972)

*) Literatur bis Anfang 1975 berücksichtigt

[42] Babloyantz, A., Biopolymers **11**, 2349 (1972)
[43] Darlington, P. J., Proc. Nat. Acad. Sci. US **69**, 1239 (1972)
[44] Kuhn, M., Angew. Chem. **84**, 838 (1972)
[45] Försterling, H. D., M. Kuhn u. K. H. Tews, Angew. Chem. **84**, 862 (1972)
[46] Spiegelman, S., Quart. Rev. Biophys. **4**, 213 (1971)
[47] Schlom, J., u. S. Spiegelman, Science **174**, 840 (1971)
[48] Gallo, R. C., Nature **234**, 194 (1971)
[49] Burton, F. G., M. W. Neuman u. W. F. Neuman, Currents Mod. Biol. **3**, 20 (1969)
[50] Hofmann, U., Angew. Chem. **80**, 736 (1968)
[51] Paecht-Horowitz, M., J. Berger u. A. Katchalsky, Nature **228**, 636 (1970)
[52] Paecht-Horowitz, M., Angew. Chem. **85**, 422 (1973)
[53] Katchalsky, A., Naturwiss. **60**, 215 (1973)
[54] Schuller, D., Naturwiss. **60**, 145 (1973)
[55] King, R. B., Theoret. Chim. Acta **25**, 309 (1972)
[56] Good, W., J. theor. Biol. **39**, 249 (1973)
[57] Fox, S. W., Science **132**, 200 (1960)
[58] Fox, S. W. (ed.), "The Origin of Prebiological Systems and of their Molecular Matrices", Academic Press New York/London 1965
[59] Rohlfing, D. L., u. S. W. Fox, Adv. Catalysis **20**, 373 (1969)
[60] Lacey, J. C., u. K. M. Pruitt, Nature **223**, 799 (1969)
[61] Fox, S. W., Naturwiss. **56**, 1 (1969)
[62] Nakashima, T., J. C. Lacey, J. Jungck u. S. W. Fox, Naturwiss. **57**, 67 (1970)
[63] Hsu, L. L., S. Brooke u. S. W. Fox, Currents Mod. Biol. **4**, 12 (1971)
[64] Fox, S. W., u. K. Dose, "Molecular Evolution and the Origin of Life", San Francisco, Freeman 1972
[65] Fox, S. W., L. Hsu, S. Brooke, T. Nakashima u. J. C. Lacey, Int. J. Neurosci. **3**, 183 (1972)
[66] Nakashima, T., u. S. W. Fox, Proc. Nat. Acad. Sci. US **69**, 106 (1972)
[67] Pflug, H. D., W. Meinel, K. H. Neumann u. M. Meinel, Naturwiss. **56**, 10 (1969)
[68] Pflug, H. D., Umschau Wiss. Techn. **71**, 619 (1971)
[69] Albrecht, P., u. G. Ourisson, Angew. Chem. **83**, 221 (1971)
[70] Mueller, G., Nature **235**, 90 (1972)
[71] Lacey, J. C., u. W. E. White, Biochem. Biophys. Res. Commun. **47**, 565 (1972)
[72] White, W. E. J. C. Lacey u. A. L. Weber, Biochem. Biophys. Res. Commun. **51**, 283 (1973)
[73] Fox, S. W., Naturwiss. **60**, 359 (1973)
[74] Jungck, J. R., u. S. W. Fox, Naturwiss. **60**, 425 (1973)
[75] Rendell, M. S., J. Amer. chem. Soc. **94**, 4337 (1972)
[76] Mills, D. R., F. R. Kramer u. S. Spiegelman, Science **180**, 916 (1973)
[77] Strehler, B., G. Hirsch, D. Gusseck, R. Johnson u. M. Bick, J. theor. Biol. **33**, 429 (1971)
[78] Dickerson, R. E. u. I. Geis, „Struktur und Funktion der Proteine". Verlag Chemie, Weinheim 1971
[79] Woese, C. R., Naturwiss. **60**, 447 (1973)
[80] Fitch, W. M., Annu. Rev. Genetics **7**, 343 (1974)
[81] Scharf, J.-H., Naturwiss. Rdsch. **27**, 433 (1974)
[82] Kuhn, H., Chimia **29**, 137 (1975)
[83] Lohrmann, R., u. L. E. Orgel, Nature **244**, 418 (1973)
[84] Burton, F. G., R. Lohrmann u. L. E. Orgel, J. Mol. Evolution **3**, 141 (1974)
[85] Orgel, L. E., u. R. Lohrmann, Accounts Chem. Res. **7**, 368 (1974)
[86] Fox, S. W., J. R. Jungck u. T. Nakashima, Origins of Life **5**, 227 (1974)
[87] Dose, K., Origins of Life **5**, 239 (1974)

[88] Fox, S. W., "The Origin of Life and Evolutionary Bio-Chemistry" (K. Dose et al. eds.), Plenum Publ. Corp., New York 1974, 119
[89] Lacey, J. C., u. S. W. Fox, in "Theory and Experiment in Exobiology", Vol. II, Nolters-Noordhoff Publ., Groningen, Holland 1974
[90] Lacey, J. C., u. K. M. Pruitt, J. Pharm. Sci. **64**, 473 (1975)
[91] Klug, A., J. Ladner u. J. D. Robertus, J. Mol. Biol. **89**, 511 (1974)
[92] Nagyvary, J., u. J. H. Fendler, Origins of Life **5**, 357 (1974)
[93] Ohta, T., Nature **252**, 351 (1974)
[94] Hoffmann, G. W., J. Mol. Biol. **86**, 349 (1974)
[95] Carter, Ch. W., u. J. Kraut, Proc. Nat. Acad. Sci. US **71**, 283 (1974)
[96] „Die Zeit und das Leben", Leopoldina-Symposium Halle 1975. Nova Acta Leopoldina (J.-H. Scharf ed.) im Druck
[97] Drischel, H., „Biologische Rhythmen", Sitzungsbericht Sächs. Akad. Wiss., Akademie-Verlag, Berlin 1972
[98] Smith, H. H., "Advances in Biological and Medical Physics", Academic Press, New York, Vol. **15**, 79 (1974)
[99] Eigen, M., "The Origin of Biological Information" in "The Physicist's Conception of Nature" (J. Mehra ed.). Dordrecht, Reidel-Publ. Corp. 1970, Holland
[100] Glansdorff, P., u. I. Prigogine, "Thermodynamics of Structure, Stability and Fluctuations", Wiley-Interscience, New York 1971
[101] Decker, P., Angew. Chem. Nachr. Chem. Techn. **23**, 165 (1975)
[102] Decker, P., Origins of Life **6**, 211 (1975)
[103] Decker, P., A. Speidel u. W. Nicolas, 1rst Europ. Biophys. Congr. Wien 1971, Verlag Wiener Med. Akad.
[104] Decker, P., J. Mol. Evolution **4**, 49 (1974)
[105] Beer, W., Biophysik, Thieme-Verlag, Leipzig 1962
[106] Treder, H.-J., Wiss. Fortschr. **22**, 339 (1972)
[107] Mager, P., „Zum kohärenten Verhalten von Zeit und Raum bei Biosystemen: Ein Modell der praebiotischen Selbstorganisation hysteretischer Polyelektrolyte" in „Chronobiologie — die Zeit und das Leben", Nova Acta Leopoldina im Druck
[108] Mager, P., Experientia **30**, 154 (1974)
[109] Mager, P., u. F. Klingberg, Experientia **30**, 1189 (1974)
[110] Hoffmann, S., u. W. Witkowski, Z. Chem. **15**, 150 (1975)
[111] Cox, A. R., A. S. Jones, G. E. Marsh u. A. R. Peacocke, Biochim. Biophys. Acta **21**, 576 (1956)
[112] Neumann, E., u. A. Katchalsky, Ber. Bunsenges. physik. Chem. **74**, 868 (1970)
[113] Katchalsky, A., u. E. Neumann, Neuroscience **3**, 175 (1972)
[114] Neumann, E., u. A. Katchalsky, Proc. Nat. Acad. Sci. US **69**, 993 (1972)
[115] Neumann, E., Angew. Chem. **85**, 430 (1973)
[116] Revzin, A., E. Neumann u. A. Katchalsky, Biopolymers **12**, 2853 (1973)
[117] Weisbuch, G., u. E. Neumann, Biopolymers **12**, 1479 (1973)
[118] Guschlbauer, W., D. Thiele, M.-T. Sarocchi u. C. Marck, "Phénomènes d'hystérése dans les polynucléotides" in "Dynamic Aspects of Conformation Changes in biological Macromolecules" (C. Sadron ed.). Dordrecht, Holland, Reidel-Publ. Co. 1973
[119] Thiele, D., M.-T. Sarocchi u. W. Guschlbauer, Molecular Biol. Reports **1**, **155** (1973)
[120] Sarocchi, M.-T., u. W. Guschlbauer, Eur. J. Biochem. **34**, 232 (1973)
[121] Thiele, D., W. Guschlbauer u. A. Favre, Biochim. Biophys. Acta **272**, 22 (1972)
[122] Hoffmann, S., W. Witkowski u. H.-H. Rüttinger, "Hysteretic Metastabilities in the 2poly(I) · poly(A)-triplex", IUPAC Conference Proceedings 4th Disc. Conf. "Heterogeneities in Polymers", Marinske Lazne 1974
[123] Hoffmann, S., W. Witkowski u. H.-H. Rüttinger, Z. Chem. **14**, 438 (1974)

[124] AZOULAY, R., u. S. BRAM, C. R. Acad. Sci. 1973, 2977
[125] MICHEL, F., J. Mol. Biol. 89, 305 (1974)
[126] REGA, H.-U., u. E. SACKMANN, Ber. Bunsenges. physik. Chem. 78, 915 (1974)
[127] RONDELEZ, F., Philips Res. Rep. Suppl. 1974, 1
[128] HOFFMANN, S., W. BRANDT u. H. SCHUBERT, Z. Chem. 15, 59 (1974)
[129] HOFFMANN, S., u. W. BRANDT, Z. Chem. 15, 306 (1975)
[130] TRÄUBLE, H., Naturwissenschaften 58, 277 (1971)
[131] SACKMANN, E., Ber. Bunsenges. physik. Chem. 78, 929 (1974)
[132] JEHRING, H., u. U. KÜRSCHNER, stud. biophys. 48, 81 (1975)
[133] NJUS, D., F. M. SULZMAN u. J. W. HASTINGS, Nature 248, 116 (1974)
[134] NEUMANN, E., "Towards a Molecular Model of Nerve Excitability", 25. Mosbacher Colloquium, Ges. Biol. Chem. Springer, Berlin—Heidelberg—New York 1974
[135] NACHMANSOHN, D., "Chemical and Molecular Basis of Nerve Activity", Academic Press, New York 1969
[136] NEUMANN, E., K. ROSENHECK, J. Membr. Biol. 10, 279 (1972)
[137] NEUMANN, E., u. D. NACHMANSOHN in „Biomembranes" (L. MANSON ed.), Academic Press, New York 1974
[138] SCHARF, J.-H., Erg. exp. Med. 13, 295 (1973)
[139] REICH, J. G., u. E. E. SELKOV, FEBS-Letters 40, 119 (1974)
[140] BOITEUX, A., u. B. HESS, in "Biological and Biochemical Oscillations", Academic Press, New York 1973
[141] HESS, B., H. KLEINHANS u. D. KUSCHMITZ, ebenda
[142] FAINBERG, L., Bild d. Wiss. 1974, 87
[143] JUNG, F., Wiss. Fortschr. 25, 159 (1975)
[144] STUBBE, H., Biol. Rdsch. 12, 1 (1974)
[145] MÜLLER, H.-J., Biol. Rdsch. 12, 30 (1974)
[146] PFEIFFER, W., u. M. GEILING, Naturwiss. Rdsch. 28, 1 (1975)
[147] ZWILLING, R., Umschau. Wiss. Techn. 74, 771 (1974)
[148] KLAMERTH, O., Fortschr. Med. 92, 27 (1974)
[149] BERG, P., D. BALTIMORE, H. W. BOYER, S. N. COHEN, R. W. DAVIS, D. S. HOGNESS, D. NATHANS, R. ROBLIN, J. D. WATSON, S. WEISSMAN u. N. D. ZINDER, Science 185, 303 (1974)
[150] GEISSLER, E., u. H. LEY, „Philosophische und ethische Probleme der modernen Genetik", Akademie-Verlag, Berlin 1972

SACHREGISTER

Abiotik 45
Ableseraster 60
Absorption (stereoselektiv) 41
Acceptorsite 60
Adaption 22
Adenylataktivierung 86
Affinität 15
Aktivator 63
Aktivierung 29, 30, 31, 66
Aktivität (optische) 43
Alchemie 33
„Alles oder Nichts"-Reaktion 66
Allosterie 63, 64
allosterische Hemmung 63
Aminosäuren 22, 28, 34
— (Polymerisation und -kondensation) 29
— (praebiotische Experimente nach Miller) 25
Amphiphilie 35
Amplifikationsfaktor 18
Analogisierung (elektronische von molekularbiologischen Regelfunktionen) 66
Animpfung 42
Antibiotica 79
Anticodonregion 58
Antipoden 41
Antithese (dialektische) 24
Asymmetrie 34, 38, 40
Atmosphäre 24, 25, 28ff.
— (Primär-, Sekundär-) 24
— (von Planeten und Satelliten) 25
ATP 90
Autokatalyse 15, 17, 43
Azole 28

Basen/Aminosäure-Zuordnungen 99
Basen (codonische) 100
— (Säure/Basen-Katalyse) 62
Basenmethylierung 58
Basentriplett 60
Beilstein-Chemie 28
bewertete Information 62
Bewußtsein 11
Bewußtseinsmuster 104
Bioide 104
Bioidmodelle 104
Biomonomere 28
Biopolymere 22, 27, 28
Biorhythmen 103
Botschaft (molekulare) 55
Bremsstrahlung 42

Carbonsäuren (langkettige) 34
Chaos (molekulares) 11, 22
Chemie (praebiotische) 14
chemische Evolution 27
Chiralität 38, 40, 41
cholesterinische (cholesterische) Phasen 37
cholesterinische (cholesterische) Systeme 41
Chromosom 55, 62
Chronobiologie 40
Chronologie 40
circular polarisiertes Licht 41
Cistron 61
Coazervate (Oparin) 90
Code (genetischer) 56, 95
— (Duplett-, Triplett-, Quadruplett-) 60
— (Degeneration) 60
— (second) 58
Code-Entstehung 82, 97, 98
Code-Wörterbuch 98
Codierung 56, 57
Codon 55
Codon-Anticodon-Zuordnung (von Aminosäuren) 94
Codonregion 58
Computer 73
Computermodellierung (von Base/Aminosäure-Zuordnungen) 99
— (von β-sheet — RNA-Zuordnungen) 101, 102
CPK-Kalottenmodelle 55, 80, 102
Cyclen 66ff.

Decarboxylierung 89
Decodierung 57
D-Form 43
Degeneration (Code) 55
Depsipeptide 38
Derepression 80
Derepressor 80
Desaminierung 89
Deterministik 42
Dialektik 22, 70
Differenzialgleichungen (nicht lineare) 81
Differenzierung (Zell-) 11
Dimension 40
dissipative Strukturen 15, 89
Divergenz 14, 25, 33, 43
Dissymmetrie 38, 42, 44
DNA 12, 55
Dogma(Zentrales) 54
Domäne 19
Donorsite 60
Dreierstrangablesung 74
Dreierstrangspeicherung 73
Duplettcode 60
Dynamik 38
dynamische Matrizen 61

Effektor 63
EIGENsche Theorie der molekularen Selbstorganisation 13
Ei/Huhn-Problem 76
Eisstruktur 87
Elementarteilchen 42
Elementebrennen (der Sterne) 25
Elongation 59, 60
Empfänger 12
Endopartikel 93
Endosymbiose 93
Endsite 61
Energie (freie) 16
Energieinhalt 17
Entladungen 28
Entropie 12
— -änderung 15
— -fluß 15
— -produktion 15, 17
Entropie/Zeit-Diagramm (für Selektionsprozesse) 17
Enzyme 62, 63
Erdvergangenheit 21
Eukaryoten 74
Evolution 14, 16
— (biologische) 27, 44
Evolution (chemische) 27, 44
— (der Elemente) 27
Evolutionsetappen 21
Evolutionsexperiment (SPIEGELMAN) 93, 94
Evolutionsidee (OPARIN) 90
Evolutionskriterium (PRIGOGINE) 15
Evolutionsprinzip (DARWIN) 13
Evolutions-RNA (SPIEGELMAN) 96, 97
Evolutionstheorie (nach EIGEN) 75
— (nach KUHN) 72
externe Parameter 103
extraterrestrische Lebensformen 104

fail-safe-System 98
feed-back 77
Fehlerwahrscheinlichkeit 73
Fernordnung 40
Festkörperoberflächen 31
Festphasenkondensation 29
Festphasenpolymerisation 29
fit (induced) 63
Flexibilität (molekulare) 19
Fluktuation 14, 15, 17, 74, 83
Fluktuationsmodell 103
Fluktuationstheorie (EINSTEIN) 15
Flüsse 15
Flüssigkristalle 37
flüssigkristalline Phasen 37
Form (D- und L-) 43
N-Formyl-methionin 60
Fossilien 93
Funktion (und Information) 13, 76, 40
Funktionalität 81
Funktionen (Depressor-, Repressor-, Promotor-) 80

Galaxie 11
Gase (von Planeten- und Satellitenatmosphären) 25
Gelstruktur 35
Gen 57
genetischer Apparat 73
genetischer Code 84
Genom 65
Genomkartierung 65
Genotyp 95
Genprodukt 55
Geschwindigkeitskonstante 18
Gesellschaft 22
Gleichgewicht (thermodynamisches) 15
Gramicidin S 80
Graphen 76
Grenzflächen 33

Händigkeit 43
HARTLEY-Mizelle 35
Häufigkeit (der Elemente) 26
Hauptsätze (der Thermodynamik) 13
Helix (α-) 39
Helixstruktur 42
Hemmung (allosterische und kompetitive) 63
heterogene Katalyse 42
Huhn/Ei-Problem 76
Hydrate 38
Hydratstruktur 38
Hydrogel 38
Hydrolyse 33, 89
Hydromatrize 34
Hydrophilie 33, 39
Hydrophobie 33, 39
Hydrosphäre 25, 32ff.
Hydroxycarbonsäuren 28, 34
hyperbole Verlaufsformen 65
Hyperzyklus (EIGEN) 72, 76, 77, 81
Hysterese 103

Individuum 32
induced fit 63, 64
Induktion 62
Induktoren 62
Information 12ff., 13, 40, 92
— (ab initio) 13
— (bewertete) 13
— (processing) 11
— (kommunikation) 12
— (und Funktion) 13, 76
Informationsgehalt 18, 76
Informationskanal 19
Informationsmatrize 104
Informationsrückfluß 18
Informationssysteme 14
Informationstheorien 12
Informationsträger 11, 18, 81
Informationstransfer 93
Inhibierung 66
Inhibition 63
Inhibitor 63
Initiation 59, 60
Instabilität 17, 82
Instabilitätsmodell 103
Instruktion (molekulare) 14
Intellekt 22
Intermediärpopulation 11, 23
interne Parameter 103
Interpunktion (genetische) 55
inverse Mittelphase 35
inverse Mizelle 35
inverse Rectangularphase 35
Ionenbeziehungen 32
irreversible Prozesse 13
irreversible Thermodynamik 13

Kanal (Sender-Empfänger-Relation) 12, 19
Kaolinit 86, 87
Kaskadenregulation 67
Katalyse 12, 16, 40, 92
— (heterogene) 42
— (Säure-Basen-) 62
Katalysator 12
Keimbildung 64
Kleeblattstruktur 56
Knospungen (von Protozellen) 91
Koazervate 38, 90
Kohärenz 104
Kohlenhydrate 22
Kohlenwasserstoffe 28, 34
Kommunikation 12ff.
Kompartimentierung 40, 104
kompetitive Hemmung 63
Komplementärinstruktion 77
Komplexität 71, 75
Konformationsänderung 63
Konglomerat 42
Konstruktionisten 72
Kontaktwirkung 12
Kontrollfaktoren 80, 83
Konvergenz 14, 33, 43, 25
Konzentration 17
Konzentrationsgradient 34
Kooperation 11, 12
kooperative Gitter 64
Kooperativität 22, 39, 71
Kopfregion 34
Kopien 18, 19
Kopplung 76, 81, 83, 104
kosmische Strahlung 28
Kristalle 34, 35
— (labile, statistische, Para-) 34
kristalline Flüssigkeiten 37
kristallin-flüssige Phasen 37
Kristallisation (spontane) 42
kurzlebige Metastabilitäten 104
Kybernetik 103
kybernetische Modelle 103

Lamellen-Struktur 86
langlebige Metastabilitäten 104
layer-Struktur 86

L-Form 43
Lebenskeime (im interstellaren Raum) 24
lyotrope Systeme 36
Lyotropie 36, 37

Makromolekül 29 ff.
MANGUIN-Struktur 37
Matrize (molekulare) 11 ff.
— (statische und dynamische) 11 ff., 61
Matrizenbeziehungen 11 ff.
Matrizenfunktionen 12
Matrizenpassung 41, 103
Matrizenprozeß 88
Matrizenregelkreis 62
Matrizenreaktionen 11 ff.
Membranen 40, 54
Membranstruktur 44, 54
Mesophasen 34 ff.
Mesophasendirektion 37
messenger 60
Metabolit 62
Metastabilität 16
— (langlebige, kurzlebige) 16
MILLERsche präbiotische Aminosäureexperimente 25
microspheres 88, 90, 91, 93
Mikrofossilien 93
Mineralien 31
Minimum-Entropieproduktion-Theorem 15
Mittelphase (hexagonal) 35
— (inverse) 35
Mizelle 36
— (inverse) 35
Modellansätze (phänomenologische) 75
— (stochastische) 75
Möglichkeit (und Wahrscheinlichkeit) 22
Molekülaggregate 32
Molekularbiologie 55, 84
Molekulargewichtsverteilung 89
MONOD-Modell 63
Monomer 32
Montmorillonit 85, 86, 87
— (template) 86
Mutagenität 14
Mutante 17, 18
Mutation 22

Nahordnung 40
Neatphase 35
Negentropie 13
nematische Phase 37
Netzwerk (katalytische von Proteinen) 77
Netzwerke 103
Nichtgleichgewichtsthermodynamik 75
nonsense-Tripletts 61
Notwendigkeit (und Zufall) 19, 43, 71, 83, 32
Nucleation 80
Nucleinsäuren 22, 40, 54, 92
Nucleinsäureinstruktivität 81
Nucleinsäurestrukturen 44, 54
Nucleobasen 22, 34
Nucleotide (Polykondensation) 31
Nucleoproteinsynthesen (präbiotische, oszillierende) 88
Nucleoproteinsysteme 77

Oligomer 32
OPARIN-Theorie 14
Operator 61, 62, 67, 57
Operon 61
Optimierung 18, 60
Ordnung 34
Ordnungsgrad 17
Ordnungsstruktur 13
Organisation 104
Organisationsformen 22
organogene Elemente 27
organogene Moleküle 27
Orionnebel 24
Oszillation 16, 86, 103
oszillierende präbiotische Polynucleotid- bzw. -peptidsynthese 86

Parakristalle 34
Parameter (externer und interner bei Hysterese) 103
Parität (Verlust der —) 42
Peptide 38
Phasen (cholesterische, nematische und smektische) 37
Phasenbeziehungen 36
Phasendirektionen 40
Phasenumklappvorgänge 41
Phenotyp 95
Photochemie 41
Planeten 25
polar/apolar-Beziehungen 34
Polarerfordernisse 98
Polybenzyl-L-glutamat 39
Polyester 38
Polykondensation 15, 32
Polykondensation und -merisation (stereoselektiv) 41
Polymerasen 55, 74, 80

Polymere 32
Polymerisation 15, 32
Polynucleotide 88
Polynucleotidmatrix 88
Polypeptide 29
Polyphosphate 31
Porphyrine 28
Primäratmosphäre 24
Primitivcode 74
Probalistik 42
Produktivität (mittlere überschüssige) 15
Prokaryoten 44, 74
Promotor 57, 80
Proteinbiosynthese 59
Proteinbiosynthese (nucleinsäurefrei) 78, 79
— (ribosomal) 79
Proteinbiosyntheseregulation 67
Proteine 40, 54, 92
— (α- und β-Struktur) 100
Proteinkatalyse 81
Proteinmatrix 88
Proteinoide 22, 90, 92
Proteinoid-microspheres 93
Protein-Nucleinsäure-Wechselwirkungen 82
Proteintemplates 78
Protohirne 70
Protoprotein 90
protoribosomaler Apparat 85
Protozellen 90
Prozesse (reversible und irreversible) 13
pseudosexuelle Mechanismen 73

Q-β-RNA 93
Quadruplett 60
Quadruplett code 60
Quarz 42
Q-Wert 18

Racemformen 41
Racemattrennung 42
Radioaktivität 28
Raum (interstellarer) 24
Raum-Zeit-Hierarchien 103
Raum-Zeit-Koordinaten 22
Regulation (klassische) 67
— (Kaskaden) 67
Regulatoren 62, 57
Rectangularphase 35
— (inverse) 35
Reduktionisten 72
Redundanz 96, 97
Replicasen 74
Replicase-System *E. coli* 94
Replikation 12, 19
— (konservative und semikonservative) 55
Replikationsfähigkeit 73
Repression 62
Repressor 62, 57, 61, 80
Reproduktion 74
reversible Prozesse 13
Revertase 74
Ribosom 55
Richtung 34
Rivalität (und Kooperativität) 22
RNA (m- und t-) 55
Rückkopplung 14, 77, 81

Schichtstruktur 86
Schrift 73
Schwankungen 16
Schwanzregion 34
Sedimente 21
Selbstorganisation (molekulare) 13, 14, 72, 76
Selbstreplikation 43
Selbstreproduktion 14, 15, 77
Sekundäratmosphäre 24
Selektion 14, 16, 41, 43
Selektionsbedingung 18, 73
Selektionskriterium 18
Selektionsprozeß 18, 73
Selektionsverhalten (nicht lineares) 77
Selektionsvorteil 80, 73, 17
Selektionswert 18, 77, 83
Semantik 12
Sender 12
Sender-Kanal-Empfänger-Relationen 12, 19
sigmoide Verlaufsform 65
Signale (molekulare) 62
Silikate 38
Simulation (präbiotische) 91
Simulationsmodelle 21
Simulationspotenz 11
smektische Phase 37
Solidomatrize 34
Solidosphäre 25, 31 ff.
Sonnensystem 20, 22
Spieltheorie 75
Spiralstruktur (Galaxie) 23
Sprache 73
Stabilität 82
Stabilitätskriterium 15, 82
Stabilitätsmodell 103
Statik 38
stationärer Zustand 16

steady state-Systeme 18
stereochemische Code-Entstehung 82
Stereoelektronikpassung 11
Stoffwechsel 14
Stoffwechselaustausch 15
Stoffwechselleistungen 11
Störfelder 103
Stoßunordnung 74
Strahlenchemie 28
Strahlung (kosmische) 28
— (UV) 32
Strangkomplementarität 96
Strangkorrekturen 74
Strukturen (dissipative) 89, 15
— (kanonische von Nucleinsäuren, Proteinen und Membranen) 54
Strukturgen 57, 61
Subunit 64
Substrat 63
survival of the fittest (Darwin) 14
Symbol 12
Symmetrie 34, 64
Synthese (absolute asymmetrische) 41
Systeme (amphiphile) 35
— (chirale) 41
— (inducierbare und reprimierbare) 62

Temperaturgradient 34
Template-Reaktionen 28, 85
Termination 59
Tertiärstruktur 74
H-Theorem (Boltzmann) 13
Thermotropie 37
These (dialektische) 24
Tochtergeneration 55
Tonhydrogel 38
Topologie 40
Transkription 55
Translation 55, 56, 58, 84
— Sperrklinkenmechanismus 85
Translationssysteme 80
Translocation 60
Transpeptidierung 79
Transthiolierung 79
Triplett 60
Triplettcode 55
t-RNA 93, 55

Überlappung 55
Überschußerzeugung (von Informationsträgern) 18
Übertragung 13
Universum 11
Unschärferelation (Heisenberg) 71
Uratmosphäre 22
Urmatrices 11
Urpolyelektrolytenpool 104
Ursache-Wirkungs-Relation 76

Verband 32
Verlaufsformen (hyperbole und sigmoide) 65
Vorbestimmung 41
Vorzellchemie 27
Vulkanismus 24, 28

Wachstum 64
— (heterotrophes) 91
Wahrscheinlichkeit 13
Wasser (als Lösungsmittel) 32
Wasserassoziate 34
Wasserreservoirs 32
Wasserstruktur 38, 87
Watson/Crick-Modell 12
Wechselwirkungen 19
— (schwache) 32, 42
Weitergabe (von Information) 11
Wellenfunktion 43
Welle-Teilchen-Dualismus 70
Wirtsgitter (chirale) 31, 42
Wobble-Paarung 58

Zeitskale der Evolution 20
Zelldifferenzierung 11
Zellvorläufer 11
Zentrales Dogma 54
Zentralnervensystem 74
Zucker 22, 28
Zufall (und Notwendigkeit) 14, 19, 22, 41, 43, 71
Zufalls-Codeentstehung 82
Zustand (stationärer) 16

FSC
www.fsc.org
MIX
Papier | Fördert
gute Waldnutzung
FSC® C083411

Kolibri 360 GmbH
Ferdinand-Jühlke-Straße 7
99095 Erfurt, Deutschland
produktsicherheit@kolibri360.de